乡土·建筑

李秋香 主编

大慈岩下两村落

高 婷 著

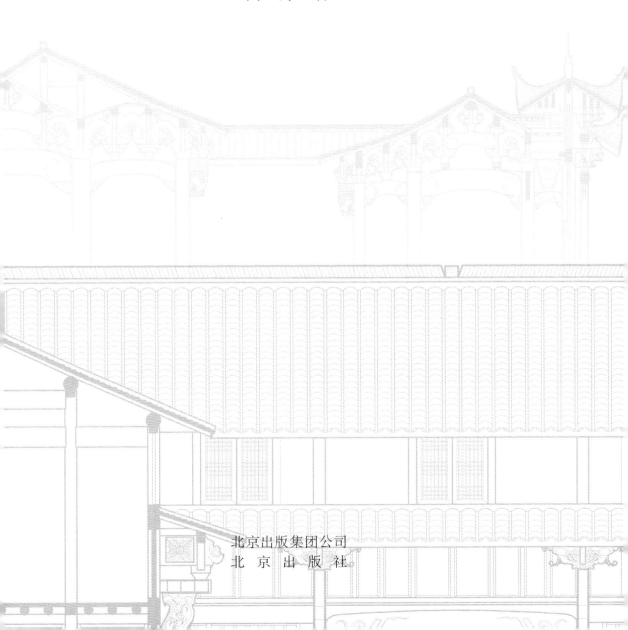

北京出版集团公司
北京出版社

图书在版编目（CIP）数据

大慈岩下两村落 ／ 高婷著 . — 北京 ：北京出版社，
2020.2

（乡土·建筑 ／ 李秋香主编）
ISBN 978-7-200-13405-6

Ⅰ．①大… Ⅱ．①高… Ⅲ．①村落—古建筑—研究
—建德 Ⅳ．① TU-092.2

中国版本图书馆 CIP 数据核字（2017）第 266492 号

责任编辑：王忠波　　责任印制：陈冬梅　　整体设计：苗　洁

乡土·建筑　李秋香主编

大慈岩下两村落
DACI YANXIA LIANGCUN LUO
高　婷　著

出　　版　北京出版集团公司
　　　　　北京出版社
地　　址　北京北三环中路6号
邮　　编　100120
网　　址　www.bph.com.cn
总 发 行　北京出版集团公司
印　　刷　北京雅昌艺术印刷有限公司
经　　销　新华书店
开　　本　787毫米×1092毫米　1/16
印　　张　14
字　　数　120千字
版　　次　2020年2月第1版
印　　次　2020年2月第1次印刷
书　　号　ISBN 978-7-200-13405-6
定　　价　128.00 元

质量监督电话：010-58572393
如有印装质量问题，由本社负责调换

目　录

1　总　序

1　引　言

上篇　李村

3　**第一章　概述**

5　一、兰寿古道

9　二、李氏源流

12　三、村落选址

18　四、村落布局

37　**第二章　祠堂**

39　一、祠堂分房

41　二、祠堂单体

58　三、祠堂功能

63　**第三章　庙宇**

65　一、土地祠

67　二、白山庙

75　三、小武当庙与关帝庙

77   第四章　居住建筑

79   一、上李花厅遗址

82   二、承启堂建筑群

88   三、连三进建筑

下篇　上吴方村

99   第一章　概述

101   一、方氏一脉

103   二、选址与布局

119   第二章　祠堂与庙宇

121   一、祠堂

133   二、庙宇

136   三、民俗活动

139   第三章　居住建筑

141   一、水阁尖迷思

150   二、从"楼"到"堂"

178   三、构造与装饰

185   结语

187   附　录

203   后　记

·总 序·

中国有一个非常漫长的自然农业的历史，中国的农民至今还占着人口的绝大多数。五千年的中华文明，基本上是农业文明。农业文明的基础是乡村的社会生活。在广阔的乡土社会里，以农民为主，加上小手工业者、在乡知识分子和明末清初从农村兴起的各行各业的商人，一起创造了像海洋般深厚瑰丽的乡土文化。庙堂文化、士大夫文化和市井文化，虽然给乡土文化以巨大的影响，但它们的根扎在乡土文化里。比起庙堂文化、士大夫文化和市井文化来，乡土文化是最大多数人创造的文化，为最大多数人服务。它最朴实、最真率、最生活化，因此最富有人情味。乡土文化依赖于土地，是一种地域性文化，它不像庙堂文化、士大夫文化和市井文化那样有强烈的趋同性，它千变万化，更丰富多彩。乡土文化是中华民族文化遗产中至今还没有被充分开发的宝藏，没有乡土文化的中国文化史是残缺不全的，不研究乡土文化就不能真正了解我们这个民族。

乡土建筑是乡土生活的舞台和物质环境，它也是乡土文化最普遍存在的、信息含量最大的组成部分。它的综合度最高，紧密联系着许多其他乡土文化要素或者甚至是它们重要的载体。不研究乡土建筑就不能完整地认识乡土文化。甚至可以说，乡土建筑研究是乡土文化系统研究的基础。

乡土建筑当然也是中国传统建筑最朴实、最真率、最生活化、最富有人情味的一部分。它们不仅有很高的历史文化的认识价值，对建筑工作者来说，还可能有一些直接的借鉴价值。没有乡土建筑的中国建筑史也是残缺不全的。

但是，乡土建筑优秀遗产的价值远远没有被正确而充分地认识。

一个物种的灭绝是巨大的损失，一种文化的灭绝岂不是更大的损失？大熊猫、金丝猴的保护已经是全人类关注的大事，乡土建筑却在以极快的速度、极大的规模被愚昧而专横地破坏着，我们正无可奈何地失去它们。

我们无力回天。但我们决心用全部的精力立即抢救性地做些乡土建筑的研究工作。

我们的乡土建筑研究从聚落下手。这是因为，绝大多数的乡民生活在特定的封建家长制的社区中，所以，乡土建筑的基本存在方式是形成聚落。和乡民们社会生活的各个侧面相对应，作为它们的物质条件，乡土建筑包含着许多种类，有居住建筑，有礼制建筑，有崇祀建筑，有商业建筑，有公益建筑，也有文教建筑，等等。每一种建筑都是一个系统。例如宗庙，有总祠、房祠、支祠、香火堂和祖屋；例如文教建筑，有家塾、义塾、私塾、书院、文馆、文庙、文昌（奎星）阁、文峰塔、文笔、进士牌楼，等等。这些建筑系统在聚落中形成一个有机的大系统，这个大系统规定着聚落的结构，使它成为功能完备的整体，满足一定社会历史条件下乡民们物质的、文化的和精神的生活需求，以及社会的制度性需求。打个比方，聚落好像物质的分子，分子是具备了某种物质的全部性质的最小的单元，聚落是社会的这种最小单元。而个体建筑则是构成聚落的原子。个体建筑只有形成聚落才能充分获得它们的意义和价值。聚落失去了个体建筑便不能形成功能和形态齐全的整体。我们因此以完整的聚落作为研究乡土建筑的对象。

乡土生活赋予乡土建筑丰富的文化内涵，我们力求把乡土建筑与乡土生活联系起来研究，因此便是把乡土建筑当作乡土文化的基本部分来研究。聚落的建筑大系统是一个有机整体，我们力求把研究的重点放在聚落的整体上，放在各种建筑与整体的关系以及它们之间的相互关系上，放在聚落整体以及它的各个部分与自然环境和历史环境的关系上。乡土文化不是孤立的，它是庙堂文化、士大夫文化、市井文化的共同基础，和它们都有千丝万缕的关系。乡土生活也不是完全封闭的，它和一个时代整个社会的各个生活领域也都有千丝万缕的关系。我们力求在这些关系中研究乡土建筑。例如明代初年"九边"的乡土建筑随军事形势的张弛而变化，例如江南和晋中的乡土建筑在明代末年随着商品经济的发展所发生的变化历历可见，等等。聚落是在一个比较长的时期里定型的，这个定型过程蕴含着丰富的历史文化内容，我们也希望有足够的资料可以让我们对聚落做动态的研究。总之，我们的研究方法综合了建筑学的、历史学的、民俗学的、社会学的、文化人类学的各种方法。方法的综合性是由乡土固有的复杂性和外部联系的多方位性决定的。

从一个系列化的研究来说，我们希望选作研究课题的聚落在各个层次上都有类型性的变化：有纯农业村，有从农业向商业、手工业转化的村；有窑洞村，有雕梁画栋的村；有山村，有海滨村；有马头墙参差的，也有吊脚楼错落的，还有

不同地区不同民族的，等等。这样才能一步步接近中国乡土建筑的全貌，虽然这个路程非常漫长。在区分乡土聚落在各个层次上的类别和选择典型的时候，我们使用了细致的比较法。就是要找出各个聚落的特征性因子，这些因子相互之间要有可比性，要在聚落内部有本质性，要在类型之间或类型内部有普遍性。

因为我们的研究是抢救性的，所以我们不选已经闻名天下的聚落作研究课题，而去发掘一些默默无闻但很有价值的聚落。这样的选题很难：聚落要发育得成熟一些，建筑类型比较完全，建筑质量好，有宗谱、碑铭之类的文献资料。当然聚落还得保存得相当完整，老的没有太大的损坏，新的又没有太多。但是，近半个世纪来许多极精致的或者极具典型性的村子都已经被破坏，而且我们选择的自由度很小，有经费原因，有交通原因，甚至还会遇到一些有意的阻挠。我们只能尽心竭力而已。

因为是丛书，我们尽量避免各

本之间的重复，很注意每本的特色。特色主要来自聚落本身，在选题的时候，我们加意留心它们的特色，在研究过程中，我们再加深发掘。其次来自我们的写法，不仅尽可能选取不同的角度和重点，甚至变换文字的体裁风格。有些一般性的概括，我们放在某一本书里，其他几本里就不再反复多写。至于究竟在哪一本书里写，还要看各种条件。条件之一，虽然并不是主要条件，便是篇幅。有一些已经屡屡见于过去的民居调查报告或者研究论文里的描述、分析、议论，例如"因地制宜""就地取材"之类，大多读者早就很熟悉，我们便不再啰唆。我们追求的是写出每个聚落的特殊性，而不是去把它纳入一般化的模子里。只有写题材的特殊性，才能多少写出一点点中国乡土建筑的丰富性和多样性。所以，挖掘题材的特殊性，是我们着手研究的切入

点，必须下比较大的功夫。类型性特殊性和个体性特殊性的挖掘，也都要靠细致运用比较的方法。

这套丛书里每一本的写作时间都很短，因为我们不敢在一个题材里多耽搁，怕的是这里花工夫精雕细刻，那里已拆毁了多少个极有价值的村子。为了和拆毁比速度，我们只好贪快贪多，抢一个是一个，好在调查研究永远只能嫌少而不会嫌多。工作有点浅简，但我们还是认真地做了工作的，我们决不草率从事。

虽然我们只能从汪洋大海中取得小小一勺水，这勺水毕竟带着海洋的全部滋味。希望我们的这套丛书能够引起读者们对乡土建筑的兴趣，有更多的人乐于也来研究它们，进而能有选择地保护其中最有价值的一部分，使它们免于彻底干净地毁灭。

陈志华　2005年12月2日

·引 言·

李村与上吴方村位于浙江省建德市大慈岩镇东北，二村相距仅二里之遥。大慈岩镇地处建德市南部，建德市、兰溪市、龙游县的交界地；东与兰溪市交界，南与龙游县接壤，西与寿昌镇相接，北与更楼街道毗邻。因大慈岩镇所辖区域在历史上的归属几经变迁，明清之际，该区域处于严州与金华的交界地带，分属寿昌与兰溪两县管辖，所以要将二村置于兰溪、寿昌的历史语境中去考察。

兰溪于唐咸亨五年（674年）建县，因兰江古称兰溪，故名兰溪县。元代元贞元年（1295年）升为兰溪州，属江浙行省婺州路。明洪武三年（1370年）复为县，隶属金华府。寿昌作为县治名始于三国时期。三国时吴国分富春置新昌县，西晋太康元年（280年）更名寿昌县，寿昌之名始于此。唐至德年间（756—758年）寿昌县治从白艾里迁万松镇。此后，这里一直为寿昌县治。明清时期寿昌隶属于严州府。①

明代《兰溪县志》载：

> 兰溪诸山皆金华之支，而蜿蟺起伏，直走大溪之滨，融结以为县治，故铜山蟠其左，兰阴距其右，桃坞列其前，石屏拥其后，而县当其中。外之四境，则自东而北，皆金华、浦阳之山，壁立而环绕；自西而北，皆寿昌、建德之山，障塞而周回；南面九峰列戟横口，加以衢婺两溪之水皆数百里奔流会合，汇为巨浸，为瀫之纹，有兰之馨，而秀气钟焉。凡使轺行旅，自北而南者，于此易小舟，以溯衢婺而往江闽；自南而北者，于

---

① 兰溪县在新中国成立后立市，寿昌县在新中国成立后并入建德县，后建德撤县立市。寿昌保留其名为寿昌镇，位于大慈岩镇北面。

此易大舟，达钱塘而底两京。故自昔号为要冲之地，繁剧之邦也。

兰溪县与寿昌县地属浙西，该区域的南侧为仙霞岭，北侧则是千里岗、龙门山及其余脉。四周山丘林立，孕育了丰富的水系，成为三江交汇之地。该区域水流与山势走向一致，自西南流向东北，来自衢州的衢江与来自金华的婺江在其境内交汇为兰江，来自严州的新安江与兰江在建德交汇为富春江，富春江下游即为钱塘江，借此可直通杭州。溯新安江北上，可抵徽州。而沿着衢江西向而行，则到达与兰溪、寿昌接壤的龙游县。由龙游县可至江西、福建。

龙游县在明清之际活跃着著名的龙游商帮，从事全国范围内的长途贩销活动。[①]而兰溪县与寿昌县因与其紧密相接，在经济、文化等方面与之都有较为密切的往来与交流。兰溪县繁华的水路驿所，吸引着各地的人纷纷来此经商谋生。明代万历年间《兰溪县志》有载："远而业商者，或广、或闽、或川、或苏杭或两京以舟载比比也。"据清代康熙年间《金华府志》记载，明代金华府共设三驿二所，兰溪占一驿一所。驿所每年支出的水夫、马夫及造船费用中，兰溪驿所占总支出的百分之六十。

而与兰溪接壤的寿昌，则是完全不同的另一种境况。民国年间《寿昌县志》中转载《旧郡志》曰："邑界四山之中，地狭而瘠，民啬而野，舟车不通，无鱼擒贸迁之利，故其俗俭而易足……农夫终岁勤动，以禾稻为上……逐末者间有之，远不过至省会而止，业柴薪炭，无珍玩之货。"寿昌境内多山，均为千里岗、龙门山及其余脉，交通不便，民风拙朴，以农业为上，间或有贩卖山货作为副业者。这与兰溪商业、手工业的繁华景象形成鲜明的对比。

兰溪与寿昌因为地理环境的不

---

① 龙游商帮因其诞生于衢州府，其中很多有影响的商人皆出自龙游而得名。龙游商帮萌芽于南宋，兴盛于明代，作为唯一以县名命名的商帮与徽商、晋商展开激烈竞争，称雄一时。

同所造成的发展不平衡，也同样体现在文化教育方面。兰溪历来文风鼎盛，名人辈出，如唐代的丞相舒元舆与唐末诗僧贯休，宋代的理学家金履祥以及清代的大戏曲家李渔①。两宋时期，理学进一步发展成熟。各地兴建书院蔚然成风。宋明两代兰溪建有书院十四座之多，②距离李村仅三公里之遥的新叶村在叶氏第三世祖叶克诚（1250—1323年）时，在道峰山后兴建了重乐书院，延请南宋著名理学家金仁山、许谦、柳贯等来讲学，一时间吸引众多学子聚集。李村此时也有一位理学家：李祥（1224—1293年），字延吉，号潜斋，《玉华李氏宗谱》记载其"幼而仁慈，静恬工谵，初受业于金华何文定公③，讲明理学，通五经，应博学宏词科补太学生"。

与兰溪相比，寿昌的科举成绩及书院建设似乎要逊色许多，但是文化教育的风尚潜移默化渗透到乡村，仍然形成了乡村浓郁的崇尚文化的传统。寿昌历史上的文化名人有生于晚唐的诗人李频，是李村始迁地李家镇人。唐宋时期寿昌所建书院有四座，其中一座为唐代所建，其余三座为宋代所建；另有明代太清山④上的太清庵，即为李村李景颜（1318—1386年）⑤所建的读书隐居之所，山上至今残留有石质台阶及柱础。

或许正是因为处于兰溪与寿昌的交界之地，李村更多地受到兰溪的影响。明清两代在《寿昌县志》的人物志中所记载的文人雅士中，李村约计二十余人，可以说在整个

---

① 金履祥（1232—1303年），作为婺学的中坚力量，正是兰溪桐山后金村人；李渔则为兰溪夏李村人。二者均与李村、上吴方村相去不远。

② 婺学，又称"吕学""金华学派"，是指南宋中期由吕祖谦开创的一个儒家学派，与永嘉学派同为浙东学派两大重要分支。"婺学"之得名，是因为唐宋时期金华名"婺州"之故。

③ 何文定即何基，与同时期的王柏、金履祥、许谦并称为"北山四先生"。其中何基更是被称为金华学派的中兴之人。

④ "太清山"为古名，今人多称此山为大青山或者大青岩。

寿昌县境内，李村也算是诗礼传家的村落了。

作为三江交汇之地，又有山川之险，兰溪与寿昌历来为兵家必争之地。在兰溪与寿昌所经历的历代兵患中，清中后期的太平天国运动无疑是最为灰暗的一笔。咸丰八年（1858年），太平军翼王石达开部由衢州经龙游攻入寿昌，并在兰寿交界的小番岭、潭村一带与清兵交战，相持不下，达三年之久。咸丰十一年（1861年）四月，侍王李世贤部攻克兰溪，直至同治二年（1863年）正月才离开兰溪南下。李村与上吴方村就是位于兰溪与寿昌的交界地带，在此期间李村与上吴方村均损失惨重。李村遭烧杀劫掠，许多住宅及祠堂成片被毁，而上吴方村彝顺堂一带建筑也被烧毁。

---

⑤ 李渊，字景颜，《玉华李氏宗谱》记载："公聪慧博学，能道术，建太清庵，修真养晦，一时闻人硕士题咏诗文。"

「上 篇」 李村

明万历年间的《寿昌县志》载："大慈岩在县南二十里。岩缝穹隆，有石笋从地涌出。元大德间，临安人莫子渊弃家学道，求佳山水以栖。寻至此山，见其岩之奇秀，遂止焉。乃琢石笋为石佛，首号大慈岩。"

第一章 ｜ 概 述

一、兰寿古道

二、李氏源流

三、村落选址

四、村落布局

一、兰寿古道

　　明万历年间的《寿昌县志》载："大慈岩在县南二十里。岩缝穹隆，有石笋从地涌出。元大德间，临安人莫子渊弃家学道，求佳山水以栖。寻至此山，见其岩之奇秀，遂止焉。乃琢石笋为石佛，首号大慈岩。"如今的大慈岩镇即以山得名。大慈岩镇地势北高南低。北部山脉均为千里岗余脉，黄峒山作为兰溪与寿昌的分界之山，自东而西，一路绵延而来，数峰耸立，其中海拔七百米以上的峰尖七个。主峰海拔八百米左右，为大慈岩镇最高峰，再往南则从西到东依次分布着大青山、红裙岩、玉华山、道

峰山等山脉，这些山脉平均海拔约为五百米。山岭众多孕育了丰富的水源与其他自然资源，山与山之间的许多平坦腹地，水土得宜，可为人们的生活提供栖居的场所。许多村落便如珠玉般散落在群山的山麓与山脚下。这些山脉层峦叠嶂，绵延数里，却并非天堑不可逾越，相反，山与山之间均有峡谷可供穿行。这些地方很早起便有人工刻意经营的痕迹，沿途多有庙宇、路亭、石桥的建设，它们蜿蜒盘旋于山岭间的古道边。从宋元时期便有人陆续迁居到这里，慢慢发展为村落。兰溪县城到寿昌县城之间的

古道主要有三条，其中最主要的一条在明清时期成为兰溪到寿昌的官道；沿此路途经的村落有十几个，由兰溪县城经方染店村、溪塘村，或经新叶村到李村，过白山后村、里诸村、翠坑口村等到达寿昌县城。这条官道，既有平地上的道路，也有山岭间的古道，其间的山岭古道起自李村，终于翠坑口村，即从李村过红裙岩，经过上首山路到致号头，再经过长岗、大七岭头到红泥岭，横路直下，过毛七岭，经九里坑、下长岭到达翠坑口村。由翠坑口村可到寿昌江边的更楼镇，[①]再经由水路[②]或者遥岭古道可到达淳安，最终直通徽州。[③]明清两代，随着兰溪西侧龙游商帮的兴起以及北部徽商的繁荣，沟通兰寿再至徽州的古道也更加活跃，因此也带动了这些古道必经村落的发展。李村作为兰寿山岭古道的起点，其形成与发展的契机即来源于此。

《寿昌县志》记载道："玉华山，在县东南三十里，一名白山岩。山前与兰邑毗连，悬崖峭壁，高数百丈，晶润有光，故谓玉华。"在玉华山脚下或近或远散落的多个自然村落，均以玉华山为祖山。李村位于玉华山东南面的开阔地上，很有"一夫当关，万夫莫开"的气势。

另《寿昌县志》记载道："五里坞，在县南仁都一图，为本图各庄发脉之山，四面层峰峭壁罗列如城，其中有坞计五里许，故名。坞内小坞甚多，唯逃难坞较大，其东由李村从红裙岩而进，南由麻车岗从来龙岗而进，西由排塘从大慈岩脚而进，北由乌石源从竹大岭而进。"五里坞即由大

---

① 九里坑的溪水在翠坑口汇入寿昌江。民国版《寿昌县志》载，更楼镇"傍溪而市，贸易颇旺"。
② 寿昌江为新安江的一级支流，由新安江溯江而上，可直抵徽州。
③ 另外两条一条是由诸葛经长乐到里叶、小泉，过月岭，到寿昌，其间的山间盘路即为月岭古道；另一条由仁塘经檀村或经由湖塘樟宅坞到大坞，过乌石到寿昌。

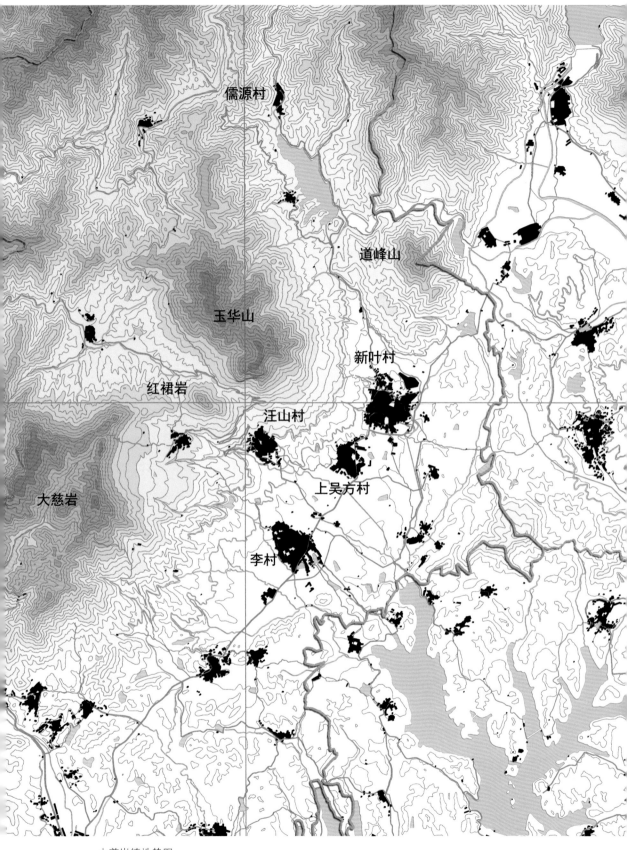

儒源村

道峰山

玉华山

新叶村

红裙岩

汪山村

大慈岩

上吴方村

李村

大慈岩镇地势图

慈岩、大青岩、红裙岩等山体所围合成的约计五里的平坦腹地。作为传统的村落选址，李村虽然有了道路的地缘优势，但是因为村落本身营建于山口处的开阔地上，不利于隐蔽，在战争年代似乎很容易成为"众矢之的"，实际情况却不尽然。因为李村所在地不但是古道入口，同时也是入五里坞避难所的门户所在，坞内自然资源丰富，且只有四处入口，易守难攻，成为战乱时期周围多个村落的理想避难所。所以一旦发生战争，李村村民可就近从红裙岩边的山路，迅速进入五里坞躲避，并凭借地势之险，在家门口进行抵御防守。

清末从1860年至1862年的三年时间里，太平军先后四次进退严州府城。自然，这块金衢盆地边缘、兰寿交界地，也同样受到了不小的影响。据《玉华李氏宗谱》记载："七月初九日是，寿邑粤匪至村上李，四分房屋火毁一光，白山殿亦毁。后因村中潜归获稻。廿四日，诸葛粤匪黎明至村，掳去五十余人。九月十一日，匪首号忠王由一带地方经过，近村人掳去无数。至同治元年壬戌，近村男女俱至五里坞，筑墙搭铺，叠连至大慈岩，面面防守。兰匪寿匪几次搜山不得上。""粤军扰境时避难者约有数千，土客俱有，按东西南北可以进山者分为四门，派人坚守，叠石为城，下扶以圆木，号曰盛棚，所以防御也。""咸丰辛酉七月十一日天早，有洪军数万，由李村而上，列阵红岩坪，战鼓喧天，旌旗蔽日，声称大破五里坞。延至未刻，里人将盛棚一面放下，石与石对飞，射如镠，活毙洪军三四人，余众遂退，难民卒保无虞，不可谓非此坞之功也。"虽然有五里坞的庇护，搜山不得的粤匪遂至李村"抢掠一空"，最终"村中杀者虏者去其四，投者又去其二，逃脱者不过三四"。

也许建于山口及高岗之上的最初选址便已经决定了李村与周边的农耕村落命运的不同。这样一个相对敏感的村落位置使得李村在其后的发展中始终伴随着危险与纷争，但同时也带来活跃与变迁的契机。

二、李氏源流

李氏是北方的大姓，《玉华李氏宗谱》中将此李氏一支发脉始祖追溯到唐代卫国公李靖。其后代辗转迁居睦州寿昌长汀源等地，至宋元之际，李氏一支定居于玉华山下，与玉华方氏比邻而居。[①]该时期的李村处于初创阶段，这一阶段流传的关于村落的营建信息较少。

玉华山俗称白下山，李村因山得名，原名为白下李，后改称李村。玉华李氏始祖琏公生二子，分别为晖、曦。长子生三子，分别为佳、俅、俊；其中长子李佳成为前庄降头派世祖[②]，三子李俊为上、下宅世祖，上宅（上李）派居李村北部，下宅派居村南。约明代初年，李村正式进入宗族的发展期，人口增加，规模扩大。这个时期李村出现了重要的人物，即东园公（1532—1608年），他是上宅派的核心人物。在东园公的主持下，其族人在现今花厅遗址一带营造了包括世德楼等在内的建筑群。

上宅派在东园公之后的发展中不再兴旺，而下宅派的富字行李音生二子，分别为李宗礼、李宗赐，成为东轩派与西轩派的发派世祖。西轩的李宗赐生八子，下衍为八份房派。在以后的繁衍发展中，下宅派西轩三份、四份

---

① 李靖第五代后人李彦芳任江南节度使后迁居睦州寿昌长汀源，李彦芳再传至八代，有李频者，作为晚唐诗人，为世所熟知。李频（818—876年），字德新，唐代寿昌长汀源(今建德李家镇)人，官至建州(今福建建瓯)刺史。李频与其同乡诗人方干交好，身处晚唐乱世，两人命运相似而惺惺相惜。明清之际，三衢交汇的玉华山脚下，李氏与方氏的同宗后世族人比邻而居，似乎也是一种历史微妙的风云际会。

② 庄于太平天国兵乱时期遭杀戮损失惨重，仅有一人因身处外地而得幸免，即廷杰公，后返回李村定居，传八代，至今有百余人。

和七份人丁繁盛，遂繁衍成一个巨大的宗族。①此时村落布局呈团块状展开。各房派住宅围绕各自房厅修建。下宅派居李村南部，以总厅崇本堂为中心。三份居崇本堂周围，四份居村西、村南，七份居村东。李村大宗祠一本堂则位于古村南端。如今保留较好的是崇本堂片区以及四份的承启堂片区。这段时期的代表建筑仍然是居住建筑，典型而成熟的单体形制是前厅后堂楼。这个阶段一直持续到太平天国战乱之前。太平天国战乱以后到民国年间，是李村历史上另一个繁荣的阶段，同时也是村落宗族组织走向衰落，宗族发展走向尾声的阶段，代表建筑是围绕界路建造的小型祠堂以及民居。

宗族的迁徙仿佛是蒲公英的种子在偶然间随风飘散，若是逢到合适的土壤，便会扎根繁衍开来。玉华李氏在历代的发展中经历了多次战乱及变迁，

不断有李氏族人从李村陆续迁出，形成旁支别脉，有远到苏杭、四川的，也有因用地紧张在祖居地附近卜居的。与李村联系较为密切的迁徙分别有以下两次：明景泰七年（1456年），泰十八公迁居白山后，立绍本堂；传至三十六世和字辈廿七公德贞，于明万历丁酉年（1597年）徙居岳家。这两个村子距离李村仅仅几公里之遥，历史上一直保持紧密的联系。2007年李村行政村成立，除去李村自然村外，另下辖岳家、白山后、下汪畈三个自然村。

李村自然村延续至今已有一千多年历史，截止到2012年已传四十四代，共有子孙三千余人。李村的中心地带原始形态保存较好，在约六万六千平方米的古建筑核心区域内，现存有明清古民居建筑一百一十多幢。村落四周还有白山殿、小武当庙及包括一本堂在内的十多

---

① 李佳下衍还有钱庄派、降头派。降头派延八代后止。

李村

被新建住宅楼包围的古建筑

座公共建筑遗存。昔日的界路已经演变为村落核心古建区的一条安静巷道，而原来一本堂前通向上吴方村与新叶村的田间小路，如今已经变为新的县道，即檀新公路。1949年后，随着村落的进一步发展扩大，新的住宅区已经蔓延到这条东西向的县路之南。沿着公路两侧，新的商业街再次形成，有近二十家经营各色日用百货的店铺。商业街之外，三四层的住宅楼房如雨后春笋般出现，将仅存的古建核心区层层包围在其中，许多的历史遗存与遗迹需要我们穿过热闹的商业街，穿过密密麻麻的钢筋混凝土住宅楼，走进去，一探究竟。

三、村落选址

1. 山形水势

中国的山林文化由来已久。所谓"仁者乐山，智者乐水"，玉华山作为这一带多个村落的祖山，为村落的生存提供了必备的水源以及其他的生产生活资料，明代赵佑卿有《玉华樵隐》诗咏玉华道：

> 玉华顶峰是君扉，
> 峭壁藤蔓客到稀。
> 自有黄精销白发，
> 不将野服换朱衣。
> 身随麋鹿仙家远，
> 路入烟霞鸟道微。
> 欸乃山中云蒲墅，
> 烂柯一局已忘归。

李村选址于玉华山一支余脉之上，村落坐北朝南，北侧玉华山为祖山，南侧连兆山为朝山，水洪山为案山，东北侧杨塘岗为青龙，西侧较为平缓的小岗为白虎。村落南侧明堂开阔，两条较大的溪流——东溪与枫林溪自西北方的大青山、红裙岩蜿蜒流出，村落北面有白山庙，正是天门的位置。李村大宗祠一本堂则位于古村南端，两溪水在村落南方连兆山山脚下汇合，建有小桥与关帝庙以为标识，是李村的一个水口；另一条从玉华山汇聚而来的山溪水与村内水系也在连兆山山脚下汇合，建有小武当庙以为标记，成为李村的另一个水口。民国时期，李村村域基本上仍然限制在最外侧的两溪之间的范围，总建筑面积约有七公顷。经过人工改造的溪水成为约定俗成的村落东、西面的边界；而南边的边界则是村落水口处的小武当庙与关帝庙，它们镇锁两溪，同时成为划分村落的边界。天然的山水与承载着信仰的庙宇一起，为村落构筑围合成一个安全的有归属感的空间场所。

《玉华李氏宗谱》中将李村景色归结为李村八景，有玉华月影、

小武当庙现状

玉华山全景

红裙仙踪、太清书韵、白山钟声、大岭樵歌、莲兆[1]松涛、西畈春耕、冯塘晚钓。[2]诗中有自然的山水之景，有人工的营造之景，不单单只是景，更是寄托了居住于此的人们对传统村落耕读生活的向往。

2.环境改造

丘陵地带的村落选址一般会在盆地部分，这种地方地势平坦，利于村落建设，同时地势较低的地方容易汇聚溪水含蓄水源。与周围许多农耕村落的选址不同的是，李村内部地势起伏较大，且整体呈北高南低的趋势。俗语说："易涨易退山溪水。"水源在李村的历史上一直都是很宝贵的。大青山、玉华山山岩较多，并不能很好含蓄水源，其上流下的溪水远不能满足生产生活需求。流经李村的山溪水被改造为与村落西北—东南走向的主要道路平行的三条水渠，并沿着水渠开挖水塘。据村内老人讲，民国年间，村落里仍有

---

[1] 连兆山旧称莲兆山。

[2] 《玉华月影》

百丈层崖玉削成，月临痕迹认分明。凉秋木叶萧萧下，午夜犹闻鹳鹤声。

《红裙仙踪》

红裙毕竟似红裙，兢说仙姬剩彩云。云落岩尖仙子去，红裙千古此氤氲。

《太清书韵》

拾级携筇访太清，云间偏觅读书声。东林大有人修葺，此地何年付选成。

《白山钟声》

发人深省此晨钟，风雨无衍起晓风。自是神灵多感应，后唐古柏尚云封。

《大岭樵歌》

大小由来岭久分，临岐向左入烟云。徐行得得歌相答，红叶双肩衬夕曛。

《莲兆松涛》

绝妙莲峰入画图，松林青霭护吾庐。有时天半风相荡，化作涛声忆五湖。

《西畈春耕》

春风嘘拂蔚桑麻，春雨沾濡孕物化。报导西畴春水足，扶犁叱犊几千家。

《冯塘晚钓》

共和无事且逍遥，把钓临矶度岁朝。拾得鱼儿须醉酒，子陵终觉以名高。

李村

数十个水塘，更有大型的水塘建在村落外的田地中，来保证耕种用水。这大大小小的水塘如佛珠一般环绕古村周围。所有水塘由顺流而下的山溪串联为一体，最后两条溪水在村落南面连兆山山脚下汇合。村落外围的溪流较村内的要宽敞一些，建有多座青石板桥，如和尚桥、石苋桥等。

村落中心地段因为地势较高，不容易蓄水，水塘面积一般较小，多位于重要祠堂的前面作为风水塘，并与人工营造的两条水渠串联在一起，兼具救火、防洪、排污的功用。村子较大的水塘则多分布在村落外围，如西南面的枣园塘以及它旁边的吃水塘，顾名思义，是可以当作生活用水的。山岗东面的后新塘、东店塘，塘边有简易的水埠头，村人们沿着石阶而下，在塘边浣衣洗菜，炊烟袅袅中，白墙灰瓦与青枝绿叶一同倒映于池塘中，是李村最为优美的生活场景。再往村外，地势较低的地方水塘面积更大，如村落南面的椿杵塘与柏澍塘，主要用于农田的灌溉用水。

旧时村人十分注意水源的清洁卫生，都会主动维护。每年下半年，农闲时节，各房派的"头首"①会出面组织村人清塘。因淤泥是非常好的田地肥料，故村人对挖塘泥的事务较为积极，有时头首会在干塘之后，按人丁用稻草做好标记以示分配公平。水塘使用权分配方式多样，村内水塘分房派使用，村外的与相邻的田地相关联，距离池塘较远的田地则通过水车来灌溉。生活用水方面，山溪上流下的清水至多能惠及附近的住户，更多的吃水要靠井水解决。清末至民国时期的李村有三口井，一处在一本堂前，称为八角井，一处位于村南椿杵塘边，另一处位于东店塘边。

① 旧时称整个宗族的家长为族长，称各个房派负责掌管房派内部事务的人为头首。

四、村落布局

李村的选址地段总体比较开阔平缓，在这片开阔地上，又有微微起伏的地势变化。在玉华山与连兆山的连线上，并列着几条玉华山的余脉，这些余脉向南延伸形成微微隆起的山岗，其中有一条山岗绵延约两千米，与周边高差约有四五米。这样标示性强且利于排水的山岗是天然的道路，李村的选址地段从一开始就是被这条山岗一分为二的。村落早期营建的重要祠堂建筑，均是位于靠近山岗的高地上，背向高岗，顺应地势，依次排开，与祖山、朝山之间的连线呈垂直方向。随着

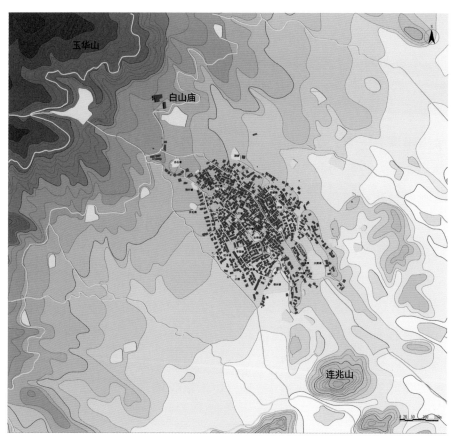

李村选址布局图

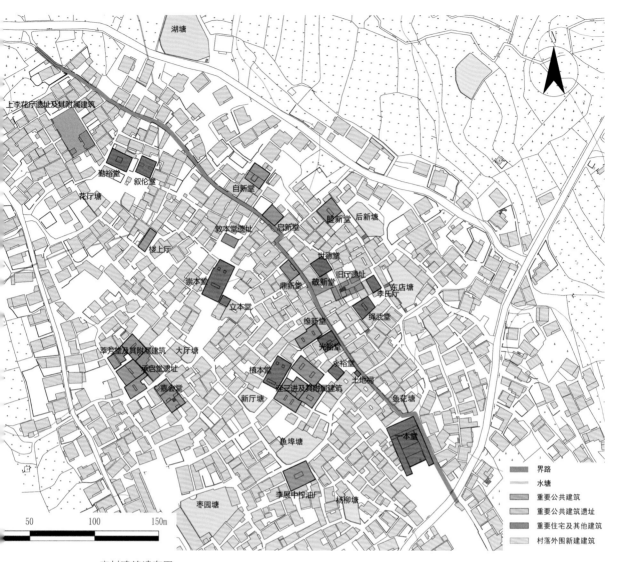

上李花厅遗址及其附属建筑

勘裕堂　叙伦堂

花厅塘

自新堂

敦本堂遗址　启新堂

睦新堂　后新塘

楼上厅

世德堂　旧厅遗址

崇本堂

鼎新堂　敬新堂

东店塘

立本堂

李氏厅

维新堂

绳武堂

萃芳堂及其附属建筑　大厅塘

光裕堂

宋启堂遗址

植本堂

永裕堂

嘉会堂

坐云进及其附属建筑

土地祠

新厅塘

鱼花塘

鱼埠塘

一本堂

枣园塘

李展中榨油厂　杨柳塘

界路
水塘
重要公共建筑
重要公共建筑遗址
重要住宅及其他建筑
村落外围新建建筑

50　　100　　150m

李村建筑遗存图

宗族的发展繁衍，最先发迹的上宅（上李）派居李村北部，以花厅为中心，后来兴旺的下宅派居李村南部，以崇本堂为中心。下宅派西轩三份、四份和七份人丁繁盛，三份居崇本堂周围，四份居村西、村南，七份居村东。各房派住宅多围绕所属房厅修建。

1. 最初发展

长汀源李氏传到十一世，有李琏者，于宋太宗雍熙三年（986年）离开世居之地，迁居玉华，正式拉开玉华李氏的历史。如今刻有"界止"的石碑嵌于崇

与建筑融为一体的李村界止碑

本堂前右侧的房基拐角处，石质斑驳，字迹仍然清晰可见。界止碑是历史上兰溪与寿昌分界的标识，而靠近界止碑的北面与西面的地段正是玉华李氏最早立村定居的地方。

该地段依托在玉华山脚下，从现在的花厅遗址一带一直延续到界止碑。这片地块整体上地势较为平坦，东侧则是现在界路所在的山岗，西侧是从大青山、红裙岩流出的东溪与枫林溪，而从溪水中引流可以很方便地开挖池塘、储蓄水源。《阳宅十书·论室外形第一》中记载："凡宅左有流水谓之青龙，右有长道谓之白虎，前有汗池谓之朱雀，后有丘陵谓之玄武，为最贵地。"所以李村最初的选址还是十分理想的。

玉华李氏最初发迹的是上李派。上李派早期的一系列的祠堂，如叙伦堂、敦睦堂、敦本堂都背靠山岗而建，轴线与玉华山、连兆山的连线垂直。而山岗往西的地块相对开阔平坦，民居

建筑重新恢复了背靠祖山的方向，即西北—东南朝向。从建筑现状来看，勤裕堂与叙伦堂前有开阔的空地，对面是花厅塘，以及另外一处小池塘，叙伦堂以南亦有住宅群，其朝向均与山岗走势一致。上李宅地块到敦本堂为止，其中心地带是作为公共活动空间的开敞空地，由花厅建筑群与叙伦堂共同围合而成。整个片区肌理整齐，疏密有序，是村落开发历史较早的一片区域。

花厅遗址附近的民居遗存

2．宗族繁荣

　　明末清初，伴随着宗族的进一步扩大发展，以花厅遗址为中心的地块已经不能满足村落的营建需要，村落边界逐渐越过界止碑向东南发展，沿着界路向两侧延伸开来。后来上李派在其后的发展中不再兴旺，从发祥地分出来的下李派，慢慢繁荣起来。

　　紧挨着敦本堂的南面即是下李派的总厅崇本堂。崇本堂的选址比敦本堂更偏西一些，两者之间约有两米的高差。崇本堂作为发展繁盛的下李派的总厅，是村里较大的祠堂，下李派三份的住宅围绕其周边分布，崇本堂南侧与之并列的是三份房的小厅立本堂。崇本堂前场地开阔，两侧均为住宅或者商铺，围合为较为规整的长方形空地，是整个李村最为活跃的公共空间。空地的近端有一处池塘，名为大厅塘，沿着大厅塘再向西南方向，便是下李派四份的居住组团。现状中，该地段保存状况并不是很好。结合遗存，再对比《玉华李氏宗谱》中的里居图可以看出，大厅塘西北侧的规则空地，正是里居图中光启堂的所在地，而大厅堂正是位于这块空地之前。据此不难判断，大厅塘原本是现状中已经无存的光启堂前的风水塘。自崇本堂前的空场往东南方向走，有路通往植本堂。作为四份房的总厅，植本堂前也有风水塘。随着近年来的村落建设，这些村内池塘大多被新建建筑或者道路占压，已经看不到原来的规模与景致。

　　从植本堂沿着山岗往东南方向延伸则是下李派七份的居住地块。沿着道路背向山岗而建的是光裕堂与永裕堂，两座祠堂并列而立。光裕堂直接与路相接，永裕堂稍微靠西离开一段距离。七份的居住用地往南截止到土地祠，往东则跨过了山岗。道路以东山岗高差更大，八米以内高差有四到五米，坡度很陡（这也正是村落早期营建于山岗以西的原因，山岗以西坡度较缓）。七份光裕堂派下，传两代，很快在山岗

建在坡地上的民居

《玉华李氏宗谱》中的里居图

东面建起世德堂以及绳武堂，崇本堂西侧紧靠光启堂的地方则建起承德堂。山岗以东的地块因为地势陡峭，整个建筑顺应地势而建，因此肌理比较整齐，早期的重要祠堂沿着山岗并列而建，很有气势。一进一进院落沿着地势而上，高差达四五米，沿着台阶步步升高，符合前低后高的风水营建观念。现状中，保留较好的有世德堂与绳武堂。

世德堂与绳武堂之间，与两者并列的是一处历史更为久远的祠堂建筑。从现状遗存看，该祠堂主体建筑共三进，最后一进位于紧靠山岗的高地上，前后高差约有两到三米，村人称为旧厅，很有可能是七份房的总厅；另外在旧厅的东南侧，面对水塘有一处一层的小厅，现只遗存一进，层高较低，梁架粗大，雕刻圆浑古朴，年代较早，村人称为李氏厅，可能为七份派下较早的一处私厅。根据这些遗存的台阶以及地块遗址来看，虽然七份房现存年代最早的祠堂是界路西侧的永裕堂，但整个七份房的中心最早可能是位于界路东侧的。

界路东侧地形起伏大，界路所在山岗东侧又有平行于界路的另一条山岗（现状中此山岗上已经发展出与界路平行的重要的南北向的道路）。在两个山岗中间的长形地块上，整个建筑肌理顺应地势呈带状分布：祠堂背靠界路所在的山岗并列而建；祠堂的前面，在两条相近的山岗之间最低的地方有两个长形的水塘，为东

店塘与后新塘；围绕着祠堂与水塘的民居建筑，轴线多与祠堂轴线一致。两个山岗夹护下，环境较为隐蔽安静，民居布局规整又疏朗，多数面对池塘的民居在门前栽花种树，营造出优美的小环境，池塘的对面又有低低围合的山岗，山岗的外面则是连片分布的田地，再远处是高低起伏的山岭的轮廓。从村落景观上讲，东店塘、后新塘片区是李村整个村落中最为优美、最富于自然

李村后新塘边

风光的居住地块。

七份房派下另一处更晚形成的居住组团是紧靠着植本堂的连三进建筑群，在这组建筑的西南方，是与新厅塘并列的面积较大的鱼埠塘（女埠塘）。新厅塘与鱼埠塘之间的开敞空地可作为晒场。鱼埠塘的南侧地块与周边有约一米半的高差，其上营建的是连三进建筑主人的榨油作坊，作坊用水量大，靠近池塘，正好用高差来解决用水及动力问题。

3.商业兴起

李村流传下来的众多歌谣与故事中有许多俏皮动人的人物形象。传说李村有一位叫李颂的学子考取了寿昌县的秀才，新年到岳丈家做客，为宾客所讥笑，说寿昌是青草县①。第二年这个寿昌的秀才又考取了兰溪的秀才，并将象征秀才身份的帽子上的玉饰戴在手上把玩，意思是兰溪的

李展中民居边的油坊

----

① 意思是寿昌县太弱小，考个秀才没啥大不了的。

李村

修缮后的界路

秀才更没啥了不起的，小玩意儿一个。要弄清这个人如何考了两个秀才，就不得不提到一条特殊的道路——界路。明清之际，李村正是沿着界路发展开来。"界路"又称"界巷"，是明清时期兰溪与寿昌的分界，以这条路为边界，路西的李村属于寿昌县，路东的李村属于兰溪县，即一村属两县。

在村落的早期发展中，村落的范围，即花厅至叙伦堂一带地块位于界止碑的西北面，即寿昌的地界内，后来随着村落的进一步发展，村落的范围逐渐越过界止碑的位置向东、向南发展，跨越了两县的交界之地。历史上李村曾经的归属明确，在此时终于产生了变化，之后在某个历史时期，这条位于山脊之上的道路代替界止碑成为划分兰溪与寿昌的边界线，遂产生"一村属两县"的荒诞场景。

在兰寿古道沿途所经之处的十几个村落中，李村是最大的一个，过往的商贾不仅带来丰富的货物，更为村民带来外面的信息。因此明清时期，李村不论在生意往来，还是教育、出仕、婚嫁等方面都与外界有着密切的交流。这条最终形成的界路长约两千米，宽约两米，中间地带仅有一处稍有曲折，南边以一本堂为起点，中间有土地祠为节点，向村落北侧延伸，一直贯穿整个村落。在明清时期，界路中最为紧凑与讲究的地段其实是界路的中段，即从界止碑往南一直延伸到土地祠的位置。现状中的界路两侧民房林立，既有简易的"一"字形单体建筑，也有形制高级的三合头与四合头的二层民居与小型祠堂，如今伫立在界路，我们眼前更多的是白墙高耸、门窗狭小的逼仄空间。就村民可以追溯的历史来看，在清末民初的时候，界路两侧店铺多为板门，商家开张营业之时，界路空间更加开敞、灵活。界路繁荣之时，两边有食品店、杂货店、理发店、布店、裁缝店、酒坊、粟作店等。有的店会从兰溪城内专门延请师傅

界路边上的民居内景

界路通向村内的道路设巷门

参与传授，部分商家甚至能制作蜡烛等工艺较为复杂的产品。另有徽州王姓商人在此经营名号为"王合利"的杂货店。界路的商业氛围还通过界路边的便捷的巷道渗透到了村落内部，如崇本堂以及植本堂周边。崇本堂与植本堂前均有较为开敞的空地，对界路狭长的使用空间做了有益的补充。在界路的中段与末段各有两处跨街的骑楼，连接起位于界路两侧的私宅与祠堂。以界路为轴线，在其两侧垂直分布有八条

道路深入村落其他地点。这几条主要的道路均设置巷门，入夜关闭巷门，界路成为对外的公共通道，而两侧的建筑及巷道则更加独立与私密，真正有了"一村分属两县"的意味。如今界路上仍然保留有三处祠堂，另有李鼎臣民居位于界路中段拐点处，此处门头砖雕细致，门上过梁为石雕仿木结构，精美讲究。按照李村传统建筑布局，该处民居正门应位于背向界路的西侧，而此处的精美石刻门早已反客为主，成为

村内街景一

这处民居实质意义上的主入口。传统的建筑布局因为界路而做出了调整与呼应。而界路两侧的房厅，如永裕堂，则有一段时间直接租赁出去，成为了店铺。

在清末的太平天国运动中，兰溪作为金华境内交通便利、物产丰富的区域，成为太平军与清军较量的必争之地。战乱过后，李村于十余年间很快恢复过来。宗谱中详细记载了荫槐公一支的发迹过程。荫槐公战争前本就家境清贫，战争后更是形单影只、家徒四壁。据载，荫槐公"登山涉水寒暑不更，凡有利可图而不伤义者均尽心而为之"，其父本擅缝纫，有了这些资本，荫槐公重理旧业，凭借着先辈累积的人脉及信誉，扩大规模，十余年间颇多积蓄，并广置田产，农事与副业相辅相成，经营很好。荫槐公还督促下辈读书上进，其子最终"免析薪负荷之肖，博得一袭青衿"。小家庭经营的特质使得小型祠堂如雨后春笋般出现。这与其说是对宗族的礼赞与追思，不如说

是各家各户对自己小有资产的展示与炫耀，更何况这些祠堂本身可能的实用价值——直接作为商铺出租给界路上的经营者也得到了实现。此时，界路两旁的商铺发展起来，再次吸引周边人口迁入。如相邻的上吴方村人，在界路开杂货铺，经营十年，积累甚多，甚至在李村修建祠堂时慷慨帮扶。李氏宗族与外来人员的相处之时，仍然遵循着宗族所宣扬的伦理道德。

村内街景二

4.杂姓聚居

李村立村之初，便有徐姓等杂姓人家居住于此。之后，李村渐渐发展起来，其他杂姓人家相继迁走。随着官路的发展，陆续又有杂姓的工匠或商贩迁居而来。李村内现有姓氏共十八种之多，除去李姓，另有十七个姓氏，分别为金、胡、潘、邱、董、王、洪、高、周、施、徐、陈、成、沈、姚、叶、杨。这十七个姓氏传承到今日，约有一百人左右，并未在人口结构上对李氏单一血缘谱系造成太大影响，但却是李村发展史上极为重要的组成部分，对整个村落的布局及生活都产生了深远影响。

这些杂姓人家最初居住在李村北面的一个叫黑龙岗的地方①。随着时间慢慢推移，杂姓人家渐渐被允许进入李村居住，开始迁移到李村土地祠与大宗祠之间的地块，生儿育女，定居下来。如今土地祠与一本堂之间的地块建筑肌理比较松散，单体建筑的体积较小，建设年代不算久远。这其中最为发达的杂姓之一为胡姓。胡氏一世祖华八公本汴梁人，随宋室南渡，初居金华，后居兰溪，于明万历年间迁居玉华并与李氏联姻，清代开始发迹，宣统年间甚至在李氏大宗祠的西北面建造了胡氏宗祠。这在周边的血缘村落里是比较少见的。李村人历来兼容并蓄，热情好客。新中国成立前夕，有位来自徽州的人在上吴方村内做长工，与主家女儿结下婚约，却被禁止在上吴方村内居住，遂移居到李村正式定居下来。据李村人口传，若外乡人到李村做生意发生纠纷，则村内会最先帮扶外人，规束族人，所以远近商贩也均愿意到李村活动。

---

① 传统村落里，凡是庙宇与宗族大祠堂一般均建于村外，而在李村，土地祠的所在地即昭示着村落的边界，边界之外，多居住的是李村的杂姓人家。作为后来迁入的人家，他们被允许建房的地段只能是村落外围。

胡氏人家祠堂内景

这些迁居而来的工匠及商贩不但服务于经过官路的流动人群，也服务于周边十几公里内的其他村落。如有主持丧葬祭祀礼仪的潘氏人家、金氏人家，有打铁的陈姓人家，做棺材的胡姓人家等。负责丧葬祭祀礼仪的人员，被村人称为"道长"。这些道长有约定俗成的"服务对象"，在村内分房派负责，在村外各个区域也有固定的"业务范围"。若主家富足，要排场，几个道长则会合作共同参与。在传统的农耕村落中，村内一切生产生活用具多就地取材，由村内各行各业的能工巧匠加以运用。李村村内历史上有木工，分大木和小木，还有篾匠、裁缝、棕匠等。另外，当地有俗语云"三十六行，剃头织布做棺材"，这三种职业最为人所看好，因为毕竟不论任何年月从事这三种职业的人都是有生活保障的。①很多手工业者世代相传，以自己的傍身技艺很好地融入了这个单一姓氏聚居的血缘村落。李村开始出现从一个单一姓氏的农耕村落向有着丰富商业、手工业因素的杂姓地缘村落转变的迹象。

清末《玉华李氏宗谱》中对大家庭的经济与生活模式的大肆提倡与宣扬，恰恰反映了大家庭生活方式开始走向分崩离析，小家庭经营方式开始实现普遍化的现象。宗族事务与管理的松散与懈怠，使得小家庭的成员有着对生前身后事的危机感与紧迫感。宗谱记载中有多人将其微薄的田产在其死后捐入祠堂，以换取祭祀。宗族体系日益走向没落，靠着零星的捐产为祀并不能挽回它日薄西山的命运，同时，生产生活的多样化经营的范围与规模还不足以产生新的统一的管理模式（如商会组织），于是，旧的延续了几百年的大家族的经济、祭祀管理体系也便继续存在着，即使是形式大于内容，象征意义多于实际价值。

① 在传统的生活稳定的村落内，人口的自然消亡有季节的规律性，一般久病的人拖过了新年，在清明节前后去世。农历的"七月半，冬至边"，暑热冬寒，也是族人去世的高峰时节。做好的棺材存放在所属房派的厅内，或架于阁楼，放置在地上，小型的闲置祠堂几乎成为装满棺材的仓库。

第二章 | 祠 堂

一、祠堂分房

二、祠堂单体

三、祠堂功能

一、祠堂分房

祠堂作为村落中最为重要的公共建筑，不单单影响着整个村落的空间结构与肌理，更在村落的组织与管理中起着重要的作用。一般的村落里有一个大祠堂，五代以后可以立房祠，再过几代后该房祠下又可以另立下一层房祠，较为兴旺的宗族分支则可以分多层级的房祠。房祠，又称为"厅"。

李村的大宗祠为一本堂。一本堂作为李村的总祠堂，位于村落的最南端。分房祠根据规模及建设年代的不同，往往有不同的变化，玉华李氏早期的分房祠中，较为重要的有上宅派的敦本堂，毁弃较早，其余保存较好的大型分房祠有崇本堂、植本堂、立本堂等。

李村下宅派一支发展最为兴旺，以崇本堂为总厅，下宅于富字行分为东轩、西轩两派，西轩派下八子[1]，称为下八份，其中繁衍兴旺的为七份、四份、三份。[2] 七份

---

[1] 东轩派下五子，人丁凋零，现有七八十人；西轩派其实共九子，另一子为外室所生，后代凋零不传。

[2] 在这之后进入了以西轩三份繁荣发展的阶段，一直延续至今，现今人口分别有1400人左右、400人左右、100人左右。

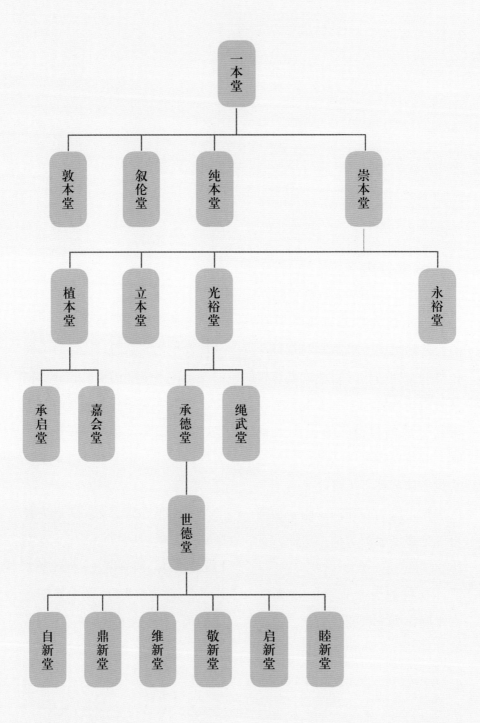

李村祠堂传承关系示意

生五子，长子不传，第二子与第三子后代共建光裕堂，第五子建永裕堂。光裕堂派传两代建承德堂与绳武堂，承德堂再传四代建世德堂。

世德堂太公生四子，为文、行、忠、信四房，其中行房派下最为发达的有五家头、四家头。五家头的祖先便是前面提到的那位考取了寿昌与兰溪两县秀才的行房派太公李颂，他在后人的用于祭祀所供奉的祖像中便是一个手指上戴着玉佩的乡绅形象了。他所育五子相当发达，被称为五家头，五家头分别建自新堂、鼎新堂、维新堂、敬新堂、启新堂。四家头亦有一厅，曰睦新堂。

植本堂为四份总厅。承启堂为四份大房的厅，嘉会堂为四份小房的厅。紧挨崇本堂有一处小的厅为立本堂，是无天井的简单三开间小厅，为三份派下。钱庄派于一本堂之后建有一小厅，曰纯本堂。

二、祠堂单体

1. 一本堂

一本堂为玉华李氏的大宗祠，据传始建于明中期，从《玉

一本堂正立面

一本堂正厅梁架

华李氏宗谱》所载的同治年间李村的村落格局图中，可以看到该祠堂的形象。从当时的村落范围看，一本堂还是位于村外的，且规模远远没有村落中心的住宅群宏大讲究。这说明大宗祠的建设是伴随着整个村落宗族体系的发展而逐步完善的过程。

1911年由下李派西轩七份五家头内的人发起倡导重建李氏大宗祠，并将其更名为一本堂，取其宗族和睦、所有房派归为一本之意。重建的发起人为李鼎臣的祖父和父亲，而为其提供重要经济资助的则是连三进建筑的主人，当时捐资五百大洋。一本堂在其大厅梁下有"黄帝四千六百零九年"的字样。当是时，正是宣统皇帝宣布退位的时候，也即民国元年，如此的时间表述体现出村落在历史大潮中明哲保身的小心思。

现状中的一本堂坐北朝南，占地九百二十六平方米，格局保存完整，为三进，由前厅、正厅、寝堂及四个厢房组成，为传统砖木结构，硬山顶，面阔三间。一本堂入口正立面为三开间，方形

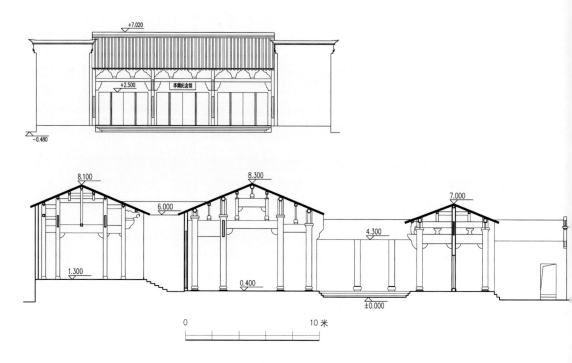

一本堂正立面及纵剖面　图纸来源：海口市城市规划设计院

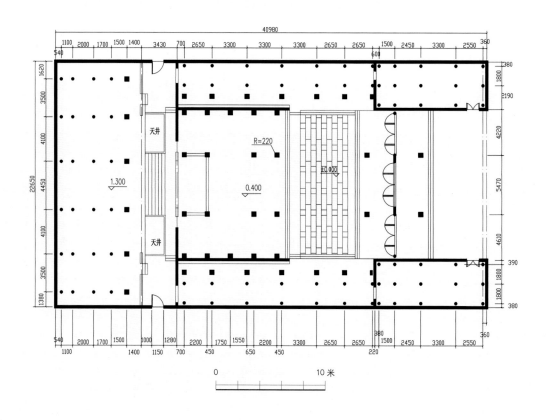

一本堂平面　图纸来源：海口市城市规划设计院

石柱,在中柱处设门,内、外檐下均为开敞空间。第二进正厅亦为三开间的开敞式布局,五架梁为方梁,上均有"回"字纹雕刻,内柱均为方形石柱,檐柱上雕有楹联。建筑装修精细繁复,牛腿雕刻有象、鹿等吉祥动物以及各式戏曲场景等。正厅以及前面厢房的位置均为开敞的廊下空间,这样的开敞式布局有利于宗族公共活动的展开,尤其是大型的祭祀活动。

一本堂的第三进为寝堂,面阔三间两弄,有两层,一层供奉牌位,二层层高较低,为存储空间。

2. 崇本堂

崇本堂俗称大石厅,始建于明宣德年间,为李氏四份派下之众厅,同时崇本堂也是李村所有祠堂建筑中唯一有戏台的祠堂。伴随着界路商业的发展,界路的商业活动很自然地向村里辐射延伸,崇本堂周边及其前的空场因为离界路较近,很自然地发展为村落里的"商业中心"。崇本

崇本堂正立面

崇本堂前的店铺

堂前的几栋房子当年则作为药店、杂货店等使用。崇本堂还是附近几个村落里唯一一个有牌楼门的分房祠。这种牌楼门式的入口设置往往在商业气氛较为浓厚的村落里才有，是财力的象征，更是对商业的热闹世俗氛围的彰显与渲染。

整个崇本堂位于村落界路西侧的中心地段，该地段北高南低，建筑坐北朝南，占地四百六十五平方米，三进两明堂，格局保存完整。现状中的第一进为近年重修，保留了原来的风格，三开间，有戏台，平时戏台不用时，当心间戏台楼板可拆卸，方便祠堂正门的使用。第二进三开间，木构架装修华丽，前檐开敞，当心间后金柱之间设太师壁，两次间于后檐之间设墙，当心间后金柱与次间墙壁之间设门，通往第三进。第三进两层，面阔三间一弄，用材潦草，装修简单。一层当心间有简

崇本堂正厅梁架

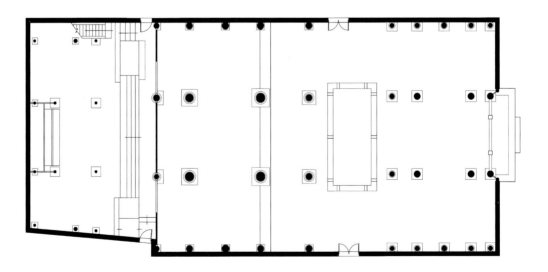

崇本堂平面　图纸来源：清华大学建筑学院

易天花装饰，据当心间柱子残留榫口判断，当心间与次间之间有木隔扇，当心间摆设神龛，两次间则可作为进退以及仪式准备的场所。神龛门开六扇，其前的供桌上依次摆放三个香炉，上面分别刻"三分"、"四分"与"七分"的字样①，对应神龛左、中、右路的神位摆放位置。弄间

有楼梯通往二层，二层为草架，层高较低，用来存放灯烛等祭祀用品。

在崇本堂的右前方，中间仅有约一米的小巷相隔的是立本堂。立本堂与崇本堂并列而立，始建于明万历年间，为下宅派荣九公派下（二十九世祖）房厅，即下宅派下三份的房厅。现状建

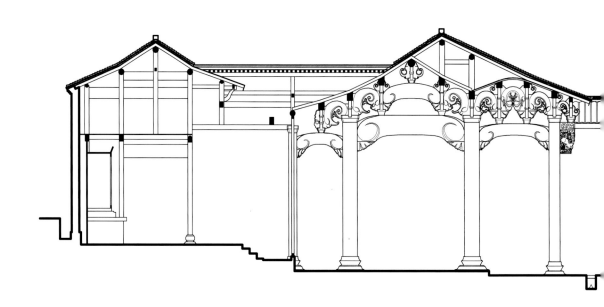

崇本堂纵剖面　图纸来源：清华大学建筑学院

---

① 　"三分""四分""七分"为祠堂内香炉阴刻文字，现在多写作"三份""四份""七份"。

筑重修于清中后期，祠堂内设神
龛，供奉本房派始祖，建筑坐西
北朝东南，占地约八十平方米，
传统二层砖木混合结构，硬山双
坡屋面，马头墙。房厅面阔三间
一弄，二层当心间为抬梁式梁
架，冬瓜梁上雕简单的蔓草纹，
边榀为简单的穿斗式梁架。立本
堂前亦有小块空场，空场北侧为

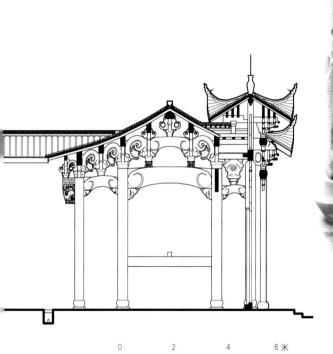

0　2　4　6米

崇本堂正厅檐下空间

崇本堂的第一进的边门。每逢崇本堂唱戏之时，此空地开设临时小摊，并搭棚做饭，成为崇本堂前空地之外的另一处缓冲与后勤场所。沿着这块空地可以很便捷地到达界路。在植本堂与界路之间的一处四合头院落，面积比居住用四合头院落更大，为单层草架结构，是原来的屠宰作坊。

3.其他祠堂

李村的分房祠中，规模较大的为三进两明堂，三进分别为前厅、中厅、寝堂。前厅有的设戏台，如崇本堂，祠堂的中厅为祭祀之所，往往较为开敞，当心间有太师壁，其上高悬堂名，且多有历代的匾额悬挂于梁下不同位置。第三进为寝殿，供奉对应房派的祖宗牌位。崇本堂之下层级的分房祠中，植本堂为三进两明堂。植本堂始建于明万历年间，为下宅派荣十三公派下（二十九世祖）房厅，即下宅四份房的祠堂。现状中保留下来的祠堂为民国年间重修。植本堂的基本形制

与崇本堂相似，均为三进二明堂，只是规模比崇本堂小，建筑坐东北朝西南，前有水塘，占地约三百平方米。第一进为门厅，入口是位于当心间的石库门，厅内无戏台。第二进三开间，明间柱子下设覆盆形柱础，板梁上雕刻简单蔓草纹，檐下设撑拱，为简单的斜撑，其上雕刻蔓草纹。前天井两侧各开一扇侧门，第三进为二层，东南侧开一扇侧门。梁架为草架，内部装修简单，当心间设置神龛，内立牌位。

比三进两明堂规模更小的祠堂则没有中间的中厅，为两进一明堂，如绳武堂。绳武堂相传始建于明弘治年间，为下宅派贵五二之子蕃八七公之房厅，而根据梁架装饰风格判断，现存建筑约建于清中期。该建筑原为两进，第一进在20世纪80年代倒塌。现状建筑经过近年修缮，重新恢复为两进一明堂。建筑坐西南朝东北，占地约一百七十平方米，传统砖木混合结构，硬山双坡屋面，石库门，砖雕装饰。正

植本堂梁架

厅面阔三间，明间梁架为抬梁与穿斗相结合，内设神龛，立牌位。建筑整体简洁质朴。

除了上述几处分房祠，李村还有多处更为小型的祠堂，是简单的四合头或者三合头院落，代表有早期的光裕堂与世德堂，以及晚期的五家头围绕界路所建的五所房厅。

光裕堂始建于明万历年间，为下宅派荣十七公之子华四四公派下（三十世祖）房厅，而现状保留下来的建筑为清初重修。建筑坐北朝南，占地约一百五十平方米，位于界路西侧，紧挨界路，为一进的三合院落。建筑保存较好，结构与装修风格统一，整体为一层，正门开在东侧厢房处。门为八字门，门额上悬挂"进士"牌匾，骑门梁为月梁形式，梁下雀替为雕花斗栱承托替木，门槛较高，两侧设抱鼓石，抱鼓石上雕饰莲花纹样。正房面阔三间，当心间五架抬梁。柱础为仰盆式。

修缮后的绳武堂入口

绳武堂内景

光裕堂正门檐下木雕

光裕堂梁架

柱头设莲瓣状坐斗，类似于一斗二升麻叶斗栱，进深方向有"麻叶板"与檩条相接，开间方向出一跳斗栱，其上承接长形雀替再与檩条相接。边榀为穿斗式，檐条均为抹圆角的方木。檐檩与其下的穿枋之间有成组的一斗三升栱来承接。厢房进深比次间的面阔要小，厢房梁架用斗栱承接于次间的梁架之上，承接部位四出雀替，雀替上有雕刻，题材为花鸟，风格繁复写实，多透雕。檐下为弧形撑栱，其上有简单卷草雕饰。正房内悬挂六块牌匾，其中之一为李应时与李鼎臣的"父子贡元"牌匾。

世德堂为下宅派恒百七十公派下（三十七世祖）房厅，始

世德堂正门

建年代约为清乾隆嘉庆年间，据正房脊檩下记载："中华民国三十五年八月重建。"建筑坐西南朝东北，位于界路东侧的高地上，占地约一百四十平方米，三合院落，由正房及两厢房组成。正房建筑面阔三间，因多次修缮风格混杂，东南侧和东北角均开门。东北角门开在厢房的山墙位置，门前有高台阶，阶下有路通往东店塘前。东南侧门为边门，开在正房西侧檐下位置。

五家头围绕界路所建的五所房厅是李村晚期小型祠堂的代表，分别为自新堂、鼎新堂、维新堂、敬新堂、启新堂五个私厅。这五个厅散布在界路的两侧，与住宅形制很相似，多为四合头或者三合头形式的一进院落建筑。其中启新堂直接建在了界路边上，平面为"一"字形。鼎新堂在界路西侧，为三合头，二层有跨街骑楼与东侧的住宅相连，真正是白天在寿昌会客，晚上在兰溪休息。而位于界路东侧的自新堂，则是标准的四合头院落。

启新堂立面

自新堂内景

三、祠堂功能

围绕着村落里大大小小的祠堂，人们展开丰富多样的公共生活。李村许多的祠堂均有祀田与槽田。祠堂的祀田租金收入用于祠堂修缮、祭祀等各类活动的支出。槽田实际上就是属于祠堂的公田。当地有"一槽十年"的说法，槽田分派给农户租种，以十年为一个租期。由于租金远远低于普通田地，所以槽田分配是对宗族内相对贫困人家的照顾。据村民回忆，李村崇本堂有槽田约二十五亩，光裕堂有五十亩，纯本堂有二十亩。

李村的大宗祠是一本堂，作为重要的祭祀场所与行政机构，往往需要几进院落，分为前厅、中厅、后寝殿。根据规模，主院落往往还有附属小型院落与其相连，用作账房、厨役、义塾，用于辅助行政议事、祭祀仪式及宗族义学等公共事务。旧时，家族成员每年农历二月初二和十一月初五进行大的宗祠祭祖活动，就是在一本堂中进行，由各房派轮流筹办。祭毕举行午宴，乡绅及老人均可参加。宴会上分祭祀的胙肉，每人一份，有功名和年长者可得多份；普通堂众则分馒头。祠堂同时定有族规，家族成员之间有纠纷，一般先不上衙门诉讼，而由族长按族规调解；若全族或族人受外界欺侮，事件重大者，族长便召集堂众聚集于祠堂内商议，或诉讼，或械斗，决定一经宣布，全族都要遵行。若族人有严重违反族规者，就要"开祠堂门"，轻者责打，重者革出祠堂（宗谱除名）。另外，族谱的续修也由宗族负责完成。族谱隔数年续修，称为"修谱"。修谱为族中大事，设谱局，调查登记人口，延文人编纂，再请谱工排版印刷。修谱完成后请道士设醮，做一到三天的清吉功德，称为阴祭。阴祭之前要先行斋戒，以表虔诚。然后聘请戏班演五到六天的清吉戏，并杀猪宰羊进行阳祭，盛况空前。祭毕，将族

祠堂内看戏的人群

谱交收各房保管。

大型的分房祠用来供奉本房派的祖先，有的也用于本房派的公共活动场所，如祭祀、集会议事等。那些数量众多的小型分房祠，如界路两侧的五家头的五座小房厅，则只供奉本家的近代先祖。堂名的确立及牌匾的悬挂不再是公共事务场所的需要，更多是财富实力的象征。小房厅并不真正承担宗族重大的节庆祭祀活动，也不作为婚丧嫁娶的仪式之地使用（这些活动自有崇本堂、植本堂等大型的、历史更为久远的分房祠来承担）。

1. 婚嫁

旧时在新婚的仪式中，头一天晚上，男方要大宴宾客，酬谢媒人，远路的亲戚要住下；男方在预先估计两家距离之后，第二天要早早出发去迎亲；新婚的第三天，新娘要去祖坟及所属房派的厅内祭拜，当地人称为"拜三朝"。

迎亲当天男方家里要有出门仪式，点燃红烛，准备贡品祭拜。富裕人家的聘礼一般比较讲究，物品也丰富，有粽子、炸糕、馒头、蒸饼等各类点心各二百个，鸡蛋八十八个或者一百个，酒以二十斤为一坛，两坛为一担，一般为两担、四担、八担不等，由有儿有女富贵双全的利时公点燃红烛，备好喜轿子，轿夫有四人、八人、十六人规模不等，轿顶用红布包裹桂圆、莲子、花生、枣等七种食物，其上插万年青枝条，吹吹打打而去。

到了女方家较近的路口，男方迎亲队鸣炮示意，女方迎亲队伍接出。到了女家，男方要给足开门红包，才可进入，再坐下喝茶，有点心汤圆、鸡蛋糕饼等招待。这时，男方要打赏各色帮工人员红包，如厨师包、杀鸡包、破鱼包，甚至上菜人的走堂人包，以求皆大欢喜及不误好时辰。女方嫁妆要摆好，捆扎妥当，新娘由兄长、伯叔类男性亲属从闺房抱至大堂吃上轿饭，吃一口要吐一口在红布上，寓意还会常回娘家，饭毕，由有经验的女性长辈来咏轿，叮嘱一路上注意事项，要姑娘到婆家后遵守规矩，遵为人妻人媳之道。此时，母亲与女儿多有哭泣。事毕，新娘再由兄长抱至轿内，一路上有女方利时婆高举竹筛在

新娘头顶，筛子内放尺子、铜镜、万年青，尺子寓意斩妖剑，铜镜为照妖镜，皆为辟邪之物。新娘上轿毕，迎亲队伍吹吹打打再次出发。新娘随身带着装有茶叶、红米等物的红布袋，过桥过坑均要撒出一些，以施舍桥神及各路小鬼，求得顺利。轿子停于男方家百步外，新娘再次被抱起，利时婆举筛，到大堂，新娘立于筛子之上，与新郎三拜，完成仪式，至此，新娘方可下地行走。交拜的时辰根据男女双方的生辰八字算出，多在未时、上灯酉时与日落申时。

新人送入洞房后，男方要款待女方家人，新娘的兄长为贵宾要坐上座。宴毕则闹洞房，有讨喜的人唱歌，如"一房媳妇一枝花，勤恳能干能当家，二房媳妇两只花，客人到了就泡茶……"依次唱下去。女方来人，家若离得近当天返回，远则留下过夜。离开之时，女方兄长要拜别男方父母，意为将自家姐妹托付之意。离开男方家，带去的箱笼等物均要有回礼，甚至轿棍上也要

扎礼物，李村的习俗一般是逢双回门。抬轿之人三个鸡蛋，上座客人七个鸡蛋，喜事摆酒一般在自家，或者邻家，不进祠堂，若有读书及第则要在房厅内摆酒唱戏热闹一番。

2．丧葬

有家中人去世，要由直系亲属到村落百步外无人家的地方烧行路包裹，其中有雨伞、草鞋、黄蜡（意为黄金），完毕，家内停灵地下，由亲近的家人烧下地纸，祭拜。道长、风水先生各自展开工作，要请道长做法事，扎制冥堂，比如有近一人高的房舍，有马头墙，屋顶有鳌鱼，内部有八仙桌，檐柱上有楹联，堂上有匾额，有"流芳百世""一去不返"等字，其上细节非常丰富，是精美的纸质工艺品。同时，家人在屋内悬挂起卷轴，其上绘制十大殿，对应地狱十大审判场景，如生前做生意有无亏心，有阎罗殿小鬼负责称量，等等。较为常见的重要的法事分别是：为女性死者"破血污"——希望清清爽爽上路去投胎做人；为男性死者"破酒

纸质冥品

肉"——希望来世还能过有酒有肉的富足生活。此外，还会有报丧人到各处亲朋好友中去报丧，报丧人腋下夹一柄雨伞，伞柄朝前，到达后，将伞柄朝下竖于门边，双方此时并无言语交流，屋主人立即心领神会。让进屋后，主人请来者喝茶，之后，来者再详细说明情况。报丧人夹伞离去之时主人会答谢几个鸡蛋等，远者则要留饭。

治丧之家此时将死者停放于棺材之内抬往房派所属的厅内，并在棺材底部放置灵灯一盏，象征死者灵魂不灭。道长再次做起法事，入夜要点燃七七四十九盏灯组成的灯塔，意为四十九路神仙为死者守护照亮离世之路。有条件的人家要做通宵的法事，守灵的后辈起起跪跪，哭声震天。若当天不出殡，死者的女眷，如女儿或妻子，则每天为死者梳发擦脸，送早、晚饭，视死如生之意。盖棺之时，由亲近的人为其盖上被子，有时有好几床，是专门为死者缝制的尺寸较小的棉纱被子，边盖边诵祝词。

出殡时刻，女眷先行退出祠堂，赶往村落百步外下跪等待。棺材出祠堂正门，由道长护送。男眷紧跟其后，在村落外与女眷会合，一起前往墓地。半路，道长将盛着水与鸡蛋的碗打碎，送殡的家人则开始盘丧，即先围着棺材顺时针转两圈，再从棺材底弯腰走过，同时从棺材下地上取土撒过棺材，再如是逆时针做一遍。谓之顺两圈半，反两圈半，为生者去晦气，祈福。此时道长的工作告一段落，可返回。送殡队伍继续吹吹打打到达墓地。墓地已有风水先生选好穴位，并用罗盘定好棺材安放的朝向，用长线拉直参照，确保安放准确无误。安放之时，风水先生亦诵祝词，如"左青龙，右白虎，呵山山要转，呵水水来朝"等语。安放完毕，送殡亲属返回祠堂由小门进，在停棺之处再次祭拜，之后出正门返家。丧礼完毕后，冥品被送往墓地焚化，木质牌位则送往所属房厅归位供奉。

第三章 | 庙宇

一、土地祠

二、白山庙

三、小武当庙与关帝庙

一、土地祠

中国传统的土地神信仰最早起源于社神，一般土地庙规模较小，甚至没有单独庙宇。在李村旁边的新叶村与上吴方村中均可看到土地神仅仅是配祀于其他庙宇或祠堂中，不作为正殿主神。而在李村，土地神的地位却很特殊。李村的土地神不但有自己专门的庙宇，且在村落中所处的位置相当"显赫"——在大宗祠的后面，位于中心界路中段的一侧。虽然庙宇面积不足三平方米，土地公所受到的礼遇却超出了周围村落的土地公。时至今日，李村村民每个月的初一、十五到土地祠虔诚上香，香火甚至超过了所有的祠堂和其他庙宇。对此，人们大概会想一探究竟。要解开这个谜底，还要从关于土地祠的故事说起。

1. 一箭之地的传说

李村的土地庙又称土地祠。江南传统村落的庙宇一般均会建于村外，李村的土地公独享尊位是因为他的特殊身份。李村有一个叫"一箭之地"的故事，相传李村土地祠中端坐的土地公其实是李氏历史上一位无名的祖先。元末，朱元璋在领兵征战之时曾经于李村一带驻扎。当时，朱元璋心中正犹豫不决——是该守住

香火鼎盛的土地祠

战果，做一方将领呢，还是应该继续前进，争取统一霸业？这时朱元璋看到当地一位白胡子的老人将编好的竹篱笆乱砍一气，边砍边念念有词："不斩不平、不斩不平……"朱元璋受到启发，一鼓作气横扫中原成为明朝的开国皇帝，之后为报恩，特地寻找当年的老人。御林军找到老人之后，奉旨交给老人弓箭，让他试射。本来皇帝是想把老人射到的范围内的土地与房屋都封给老人的，可因为当时正值新年，周围人群攒动，老人怕伤到众人，只轻轻射出，距离仅几步之遥。老人去世后，朱元璋便将老人封为此地的土地公，永远守护着李村，因此数代李氏子孙传承下来都不会去扩建土地祠，而始终是分封之时的"一箭之地"的规格。村民总会强调他是唯一一位由皇帝来册封的土地公的荣耀，因此历年土地祠皆香火旺盛。二月二相传为李村土地公的生日，民间相传土地公喜看烟火，村民便组织烟火龙灯与土地公同乐。

此土地祠在《寿昌县志》中历代均有记载，另有土地祠中世代相传的楹联："土赐本乡身历元明而殉难，地封一箭界交兰寿不当方"，"在当时不避国难，至今日永受荣封"。一箭之地的传说本身就有关于划分边界的信息。流传的楹联里也含混地表达出这个无名的李氏先祖奋力抗争的含义，所以历史上真实的情况可能是因为这条路历史悠久且位置明确显要，非常适合作为边界线，在元明交替之时官方因此将其确定为两县之界，遭到村落横跨该路的李氏族人的奋力抗争，由此才有牺牲一说。

李氏孤老关于一箭之地册封土地公的传说，其实是对官方强制划分的应对与更正。在最为

讲究宗族团结的血缘村落里，行政意义上的划分造成了对村落完整格局的割裂与破坏（甚至随之而来的一系列的现实生活上的差异与分化）；而在传说中，情况恰恰相反，皇帝亲封李氏先祖为土地公，此土地公自然对本族村落边界有绝对的掌控力。在物质实体层面，土地公正坐于界路中心（依然是在界路以西，村落最初发迹的那一边），就是为了来重新整合村落维护宗族团结的。所以土地祠不必大，只要能消弭行政意义上的一线裂痕足矣。

二、白山庙

1. 信仰活动

白山庙的主神为白山大帝吴雄。据《后汉书·郭躬传》记载："顺帝时，廷尉河南吴雄季高，以明法律，断狱平，起自孤宦，致位司徒。雄少时家贫，丧母，营人所不封土者，择葬其中。丧事趣办，不问时日，巫皆言当族灭，而雄不顾。及子䜣孙

一本堂内保存的台阁模型

恭，三世廷尉，为法名家。"在《玉华李氏宗谱》中，多次记载到吴雄曾经登临玉华山的事迹，李村历代的文人贤士，也多有登临玉华山放旷心灵者，或者干脆于玉华山结庐而居者，而作为历史上第一位登临玉华山的先贤，吴雄更加成为玉华山一带文人的榜样与精神指引者。

而在民俗的世界里，吴雄的威力则远远不止于此。如果说明清以前吴雄是文人士子的精神楷模，那随着明清以降，玉华山地带整体文化氛围的薄弱，科考成绩的落后，玉华山神不再是梦中指点安慰文人士子的贤士，[①]而是脚踏实地包揽万物的地方守护神，能行云致雨，保护农业生产。曾经登临玉华的先贤吴雄最终成为白山大帝。

俗传白山大帝受封之日为十一月十五日。历史上十年一次的开光仪式多在立冬之后，冬至左右，农闲时节，由首事牵头，各房派分头精心准备，到了当日，于白山庙前搭台唱戏，三台对垒，热闹非凡，并有精彩的台阁表演；因为十年一遇，往往盛况空前，吸引周边村落的民众争相观看，影响广泛。白山庙有自己的庙田、庙产，使得十年一次的盛大活动得以顺利进行。所有的村民不分贫富均可参与其中，感受漫长生产生活中与神同乐的片刻欢愉。

玉华山作为这一带最高山峰，俗称为白崖山，是周边众多传统村落的祖山。在明清之前，宗族组织还没有发展得如此繁盛的时候，白山庙一直是相当兴盛的庙宇，被称为十八助，即十八个大大小小村落共同供奉的庙宇。而李村因为建村历史悠久，借助家族繁盛的优势，成为这个信仰圈的核心村落。其后，白山庙的没落，代表的是明清宗族体系发展成熟之后，传统庙宇信仰的地方性的没落。

---

① 详见附录3《玉华记》。

祭祀白山大帝的活动

2．庙宇建设

白山庙的历史比李村要久远得多。民国《寿昌县志·艺文》中收入的洪国瑞的《白山庙记》：

白石名山，岩危洞邃。……山之麓，有庙岿然。按郡志言，吴司徒庙也。建于五代龙德元年（921年），灵应封于宋崇宁二年（1103年）。值方腊为寇，凶徒焚庙，而博山依旧仪象犹存，乃宋宣和三年（1121年）也。其后建庙如初，香篆萦回，神光赫奕。

庙乃故忠训郎胡君祖舜①所建也。多历年所风僝雨儳朽腐欹颓，非一木可支。今募缘鸠众，革故鼎新，砻石以献愿记灵绩。先是余祖名次字景载，游宦金陵，来归谒庙。语诸子侄，独筑献台其后。前

① 今建德市大同镇富塘村人。

婺州兰溪县教谕刘季明，子昭重建山门；继而儒士唐滂清叟有东庑之营，进士沈公镗有西庑之作，刘元圭君锡、吴日宣德翁复整茸之。

又《寿昌县志》载：

清咸丰辛酉再毁。同治三年，里人李逢元、李合干等捐资复建。庙前古柏森森，旧碑屹立。

由此可知，白山庙自五代时初建，其后经历了两次大的损毁与重建。白山庙最初并不属于李村，而是周边多个村落共同供奉的庙宇，直到清末才由李村村民捐资修缮，正式划归李村。

从村落布局上来看，白山庙位于村落上水口的天门位置，坐北朝南，占地七百二十平方米，主体院落三进，由门厅、正殿、后殿、四个厢房组成，西侧是一座三合头的伙房。主体建筑第一进面阔三间两弄，入口立面当心间为木质八字门面，两侧为顶部呈观音兜形的白色墙面。

白山庙正立面

白山庙正殿梁架

门厅当心间通高，左右两次间为二层，两侧弄间分别有楼梯可登临。二层层高较低，有木质护栏围合，空间相对密闭；据村人讲，此空间平时用来存储杂物，也可做村内鳏寡孤独者的暂时住所。一进与二进的地面有约一米的高差，当心间及次间均设台阶。正殿为二层，当心间及次间梁架结构相似，抬梁均有猫梁做装饰。当心间檐下有牛腿。太师壁位于当心间下金柱处，前供

奉两尊白山大帝，其中一尊为祭祀活动时用来游行的坐像。

第三进面阔五间，两层，双天井，二进与一进当心间之间有一层廊相连。一层装饰仍然讲究，有牛腿，骑门梁亦有雕花，西侧尽间有楼梯通二层。二层层高较低，为草架，正立面无门窗，开敞通风，作为存储空间使用。西侧三合院轴线与白山庙正房轴线垂直，紧贴正房，东侧有门与正房第三进相通，南侧厢房

白山庙正殿内景

白山庙后进木雕

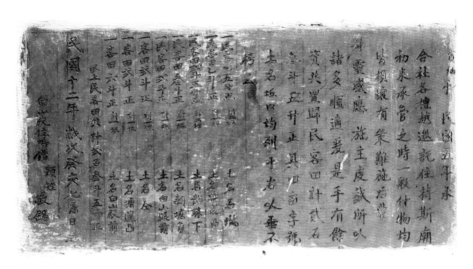

民国年间的碑刻

另有一门可单独出入。

"玉华庵,在县南仁都李村白山庙左首。"白山庙的东侧为近年重修的玉华庵,为两进一天井式,装修简单,此外在白山庙的后进山墙上,至今仍保留一通民国年间的碑刻,记录的是玉华庵住持僧置办庙田的数量与位置。

三、小武当庙与关帝庙

小武当庙与关帝庙是村落水口建筑,同时也是整个村落的边界。在村落没有堡墙的情况下,建于村落边的小庙起到了对村落边界进行界定的作用。现状中关帝庙已被拆毁。据村人口传,关帝庙坐北向南,规模较大,有天井。而小武当庙则为三开间单层建筑。李村历史上每隔三年要围绕小武当庙与关帝庙做功德,对小武当庙与关帝庙进行"行香",目的是驱邪。参加此活动的户头要素食三天,功德道场放在崇本堂中进行,临时立三尊佛像,周围挂上十殿神仙,于厅中进行各项道场;高潮部分在第三天的晚上,在大厅门前搭一高台,其上做法事,承担仪式之人着特定服装,携各色乐器一一登台，谓之"鬼戏"，通过作法念咒将恶鬼赶出村外。与白山庙的大众参与有所不同的是，此行香驱邪仪式是有阶层分化的——更多地似乎是富裕人家狂欢性质的娱乐活动。仪式的费用是单独筹措的，参与人员以自愿参与为原则，按人头均摊，每个参与的家庭可领到一个红灯笼，其上有户主名字以及吉祥话语，在仪式完成之后灯笼被带回家中，逢年过节挂出，有讨彩头之意。

李村村外除去关帝庙、白山庙、小武当庙外，在村落西侧原有佛教庙宇，寺庙位于村落西侧的苦竹塘附近，几乎与明清时期的村落边界重合，至今附近仍有和尚桥的地名。

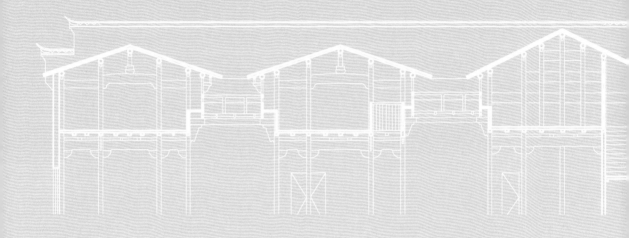

第四章 | 居住建筑

一、上李花厅遗址

二、承启堂建筑群

三、连三进建筑

李村立村八百年的历史中，完整保存了相当数量的不同历史阶段的居住建筑，另外，部分保存不好的居住建筑也可根据现状遗址、宗谱记载的情况，对其布局和形制进行初步的说明。以下以时间为序，分别对李村几个不同历史发展时期的代表性居住建筑组团或单体进行分析，以期能够勾画出李村所属区域居住建筑形制的演化历史。

一、上李花厅遗址

上李花厅遗址位于李村北部，界路的西侧位置，如今空旷的场地上，仍可见台阶及石质的柱础，约略可看出当时平面的规模。主体建筑轴线面阔较宽，有多进院落，两侧亦有面阔较窄的附属院落。在遗址的南面有一面积约为三十平方米的小塘，村人称为花厅塘，距其约二百米的南面仍有一处三开间的无名楼上厅。据村民所传，此系李村现存的民居建筑中年代最为久远的。此楼上厅前面为空地，其平面形制和结构均与后期的四合头、三合头等合院建筑有明显的不同。此楼为独立的"一"字形平面，当心间与次间的面阔基本相等。其对于层高的处理也比较灵活：当心间为两层，一层层高较低，二层则较高，有出挑的开敞回廊，两侧次间则巧妙地将第二层再分为二，变为三层，在保证当心间作为主体空间的高敞华丽的同时，又增加了次间日常使用面积。二层当心间两侧木构架宏大，装修华丽，为月梁结合猫梁的抬梁木构架。檐柱柱头为莲瓣状，出一跳的斗栱承接檐檩，开间方向的梁与穿枋之间由成组的一斗三升栱做支撑。进深方向的梁与金柱交接处的替木则摆脱斗栱的形象，出现了雕饰植物纹样的替木。规范的斗栱与富于地方做法的雕饰构件均在梁架体系中出现。此时的月梁与柱子在比例与曲线上更加趋向于挺拔、严谨，与后期更加圆润饱满的"肥梁胖柱"形象有所区别。

提到上李花厅这一片的营建，便不得不提此段时期上李派的一位重要人物——李东园。李东园名大亥，字子美，生于明嘉靖十一年（1532年），卒于万历三十六年（1608年），行祥七通族思字行廿三，东园公是玉华李氏第一位族长。《玉华李氏宗谱》记载如下：

望重一时，声蜚弈世，人盖慷慨好施，质义不阿，尊礼贤士，排难解纷，处家庭也，孝悌自尽勤俭怡谋待宗族也，忠直存心公平处士，不要名不市利，待上不谄不傲，御下以惠以慈，非无德于人毋望报，非毋怨于人毋阴损，贫者济之，弱者扶之，虽其蓄积饶裕而深藏若虚，故一时细户躬民靡不爱而敬之。

东园公的传记中记述其为"田家一大老也"，东园公主要资本来源还是田产。其子这一代，有三人习儒业，到孙辈这一代，则有六人皆为士类，有兰邑庠生、府学庠生等，其中名为德胜者，尤善经营，为族中翘楚。由此可见，在东园公下这一支，较传统的耕读模式，已经出现了分化，有经过读书最终跻身士类的，也有善于经营富甲一方的。东园公主持李氏家族事务几十年，在其任内，李村出现了建筑营建史上的第一个高峰。东园公本人"嫁女为百车"，"筑华楼于佳婿"，"娶二妇与二甥"，足见其家产之丰饶。东园公生三子，次子为友，号望华，居于望华楼，友生四子，他为前两子建景璇楼，为后二子建怡顺楼。

而望华楼、景璇楼、怡顺楼于《玉华李氏宗谱》的李村格局图中也可以看到相应的位置与形象。图中除去有堂号的祠堂建筑，另有一处称为香火堂的小型房舍。在这张李村格局图中，所有重要的祠堂与居住建筑均背靠玉华山，坐北朝南，其位置与范围正是前文中所提到的上李花厅遗址以及楼上厅单体建筑所在的地段。

另外据村民传说，上李派有一户人家在浪台塘边建有华丽的水阁，三面临水，是园林式的居住建筑。对比建筑遗存、宗谱记载的生活场景以及传说故事中的零星信息，我们不难拼凑出李村早期聚族而居的大家庭生活场景。当时的居住建筑群体规模宏大，多以楼命名，主体建筑为楼上厅，是包括香火堂、厢房、书房、花园等在内的功能齐全的建筑群体形象。

关于上李派，另有一个故事，说有一家的主人家资饶富，膝下独子，正是小儿难教，偏是喜欢银子抛在水中的"哗哗"声。为逗弄小儿，主人便将银子往水中抛掷。古代周幽王烽火戏诸侯，只为博美人一笑。李村的这位为人父者爱子之心也令人叹为观止。结果可想而知，这人成为李氏后人代代口耳相传的败家子的典范。随着时间的推移，上李派逐渐衰败。关于上李派建筑群最终消失的情形，据村人传说，有一孤老用稻桶收集草木灰，存放于祠堂中，因火星复燃，大火整整烧了三昼夜，上李派花厅建筑群几乎尽为灰烬，只遗留了南面的那座楼上厅。上李派的祠堂叙伦堂，也不知何年何月坍圮，后世子孙再无人力财力复建，遂于村落外围另寻一处厅

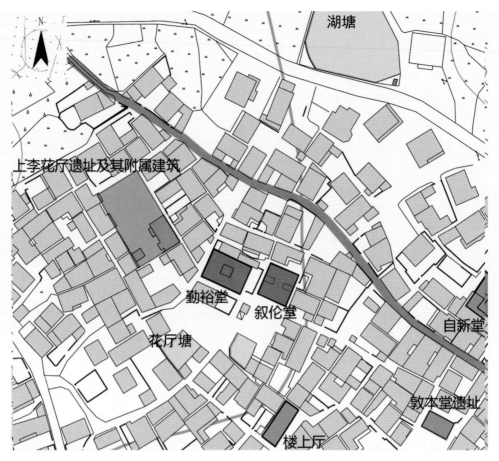

上李派花厅建筑群平面示意（左右二图）

堂①遗址重建叙伦堂②，形制要简
单得多，为两进的合院建筑，堂
名传承至今，辉煌不再。

二、承启堂建筑群

　　东园公这一支衰败之后，
再次发达的是李氏四份派下的子
孙，这一支在村落南面也留下了
一片民居建筑群。

　　这片建筑以一条巷子相隔，
分别形成以承启堂为中心的西侧
建筑群，以及以嘉会堂为中心的
东侧建筑群。其中承启堂为四份
大房的厅，嘉会堂为四份小房的
厅。两个建筑群均遵循居住建筑

---

①　其前所建厅，厅堂名无考，亦是被火所焚。

②　叙伦堂于民国十六年（1927年）重建，1990年翻修。建筑坐北朝南，占地170平方米，两进院
　　落，建筑面阔三间，传统砖木结构，硬山顶，石库门。第一进进深四柱三间七檩，五架抬梁
　　带前后单步；第二进为香火堂，进深三柱两间五檩，装修简单，五架梁、三架梁均为方梁。

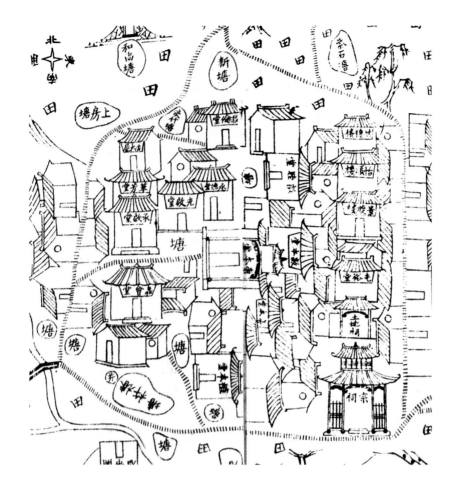

及其他附属建筑围绕所属房厅建设的布局原则。村人传说这一片建筑群内部有十八段楼梯上下相通，单体与单体之间通过内巷（弄堂）连成一片。

现状中东侧的嘉会堂组团没能保存下来；西侧承启堂组团中，虽然承启堂已经不存，与承启堂相连的萃芳堂以及另外一组附属建筑均保存较好。这些建筑单体，环绕承启堂而建，建筑轴线均朝向承启堂，形成一组包含祭祀、居住、会客、厨房杂役等功能的建筑群体。作为主要居住建筑的萃芳堂，已经是规制成熟的"前厅后堂楼"的形式。[①] 萃芳堂近年来经过修缮，已基本恢复了原貌。

---

① 关于前厅后堂楼的产生与演变将在本书的第二部分关于上吴方村的居住建筑介绍中做进一步的解释与说明。

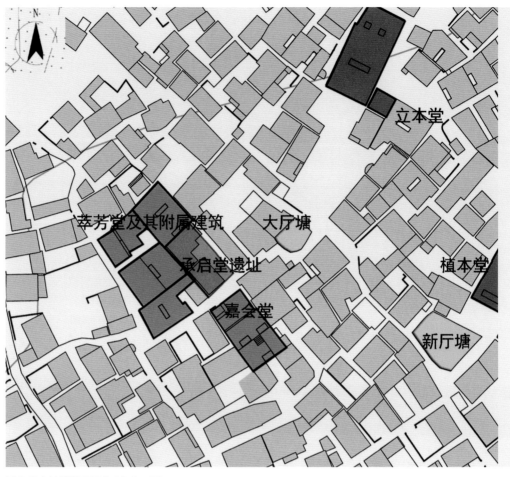

承启堂建筑群平面示意〔左右二图〕

　　萃芳堂作为"前厅后堂楼"的典型代表，在平面布局、内部功能划分以及结构装修方面，均有较为成熟与稳定的做法。萃芳堂整体布局为两进两明堂，前后两进均为二层。第一进为三合头院落，整体布局较为开放，可用于家庭公共活动空间，也可用于待客。一进的两侧厢房与其他建筑相接，现状入口位于一侧厢房①。一层正房面向天井的方向全部为开敞的空间，在后金柱之间设可开启式槅板，后金柱后设门通往第二进。一侧的次间靠近山墙的地方设楼梯通向二层，二层空间通过槅板隔

---

① 现状中第一进两厢房直接与近年新建的楼房后墙相连，推测原来第一进正房对面与其他建筑相接的立面处有门。

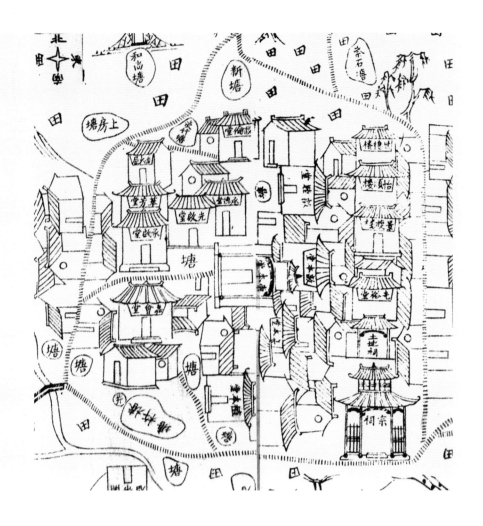

断出私密的多个空间，仅在后檐下保留通长的廊道与二进的厢房及正房相通。第二进主要为家庭内部成员的居住空间，围合感更强。二进的一层仅当心间为开敞式，两次间装板壁，设门窗，作为卧室，东侧次间有楼梯通往二层，二层空间与一进二层类似，均用板壁隔断为私密的房间。

因为功能的不同，萃芳堂的"前厅"与"后堂"在结构与装修方面，也有明显的不同。前厅作为家庭公共活动以及待客的场所，在梁架的结构上更富于装饰化。一层当心间两侧裸露的梁架为冬瓜梁，梁与二层楼板之间有矩形的"垫木"相接，雕刻为折叠的荷叶形象。梁柱交接的替木雕刻精美的卷草纹样。一层梁柱

修缮后的莘芳堂后进内景

之上承接方檩，一层与二层之间有腰檐，从侧立面看，由檐柱出挑斜向弯曲的短柱承托腰檐的挑檐檩，弯曲的短柱下方有卷草的装饰纹样。腰檐与短柱之间的空隙有小尺度的猫梁状出挑增加结构的稳定性。正立面上看，腰檐的檐檩与挑檐檩之下同样有雕饰精美的替木。与上李花厅附近的楼上厅相比较，萃芳堂梁枋之间以及檐下这一细部的结构处理基本摆脱了标准的由斗栱承接的早期形式，已经形成了非常成熟完备的富有地方特色的构造与装饰的做法。二进作为居住场所，强调私密性，空间相对封闭，装修风格简单洗练，两次间封闭作为独立房间，楼上空间通过围绕天井一周的走廊相连，并通过板壁划分为多个独立空间。二进院落无腰檐，二层环绕天井一周的挡雨板，制作精美，从上至下做出微微的弧度，以利于排水，又富于装饰性。

萃芳堂南侧的一处四合头，与萃芳堂通过巷道相连，作为附属院落，用料装修也很讲究，一层以方檩承接楼板，楼上楼下面向天井的方向多采用简单的直棂门窗进行围合，功能性较强。其旁边的另一处三合院，同样作为附属院落，更加简单洗练，二层窗户为封闭的木板，其上有拼接为"回"字纹样的木条作为装饰，大约是用于存储。四份派下的这片建筑群在太平天国运动中受到了不小的破坏。

太平天国战乱之后，随着经济的恢复，李村富裕的人家开始营建带有前花园的房子。现状中的李鼎臣民居虽然只有临近界路的四合头单体，但从周围遗存及村人口述中可以看出其前门位于界路西侧的巷道中，在崇本堂的后面，入口处有前院，围绕着这个院落分别建三合头的单体。据说，李鼎臣的祖父在年长分家之时分到的只有几副碗筷，可见当时其家境的窘迫，之后科考成功，父子贡元，才营建了前有花园的几座四合头拼合的居住建筑群。

三、连三进建筑

在明清界路发展的时期,居住建筑中从原来的"前厅后堂楼"进一步发展出高度模式化的居住形式,即三合头或四合头的单体以及两者的多种组合体。在此基础上,讲究一点的人家围绕主体的四合头、三合头院落增加附属院落作为杂房。

如建于清末的李美春居,该建筑坐西朝东,占地二百四十七平方米,传统二层砖木混合结构,由一个四合头的主体建筑、北侧一个三合头的附屋和南侧的附屋组成。四合院面阔三间一弄。北侧三合头的附屋面阔三间。南侧附屋面阔两间一弄。

位于村落北部的勤裕堂,是李村发展后期小型民居建筑的代表作。建筑坐西北朝东南,占地二百二十六平方米,格局保存完整,是典型的四合头院落,传统砖木结构,硬山顶,石库门。建筑面阔三间,内部装修

李志江民居俯瞰

雅致，牛腿雕刻鹿、狮子等图案，为双面镂空雕，五架梁、三架梁及冬瓜梁均为方梁，其上刻有"回"字纹，天井以青砖板铺地。该堂风格与周边环境相协调，融为一体。

同样的布局与形式，三合头、四合头这种标准化的模式单体在体量及用材上稍作考虑便有了新的用途。在崇本堂与界路之间有一处小型的一层四合头，整体为一层，内部空间开敞，作为屠宰作坊来使用。在李村的北面的普通人家也建立了尺度较小的夯土木结构的四合头或者三合头用于居住。平面的尺度均比之前的民居规模小，屋内天井更加狭窄，室内空间低矮，采光极差。再往后期，随着人口的进一步增加，村落内用地紧张，更多的民居开始采用不带天井的平面为"一"字形的二层楼房。这种楼房一般为三开间，当心间开石库门，二层开小窗，多有长方形、方形、菱形、葫芦形等各种形式的小窗，室内当心间设置太师壁，太师壁后有楼梯通二层。

在这个过程中也有"异军突起"的个别家庭繁荣兴盛一时，建造出讲究的住宅，其中的代表便是连三进建筑。

连三进建筑为李展中[①]故居的一部分，因屋主祖上四代单传，积累下了相当的财富，李展中七岁丧父，偌大家业由其母一人担当。据传这位太夫人亲身纺纱织布，勤俭持家，扶弱助贫，声名远播，家中良田千顷，磨坊等数间，雇用佣工五十余人，一时间繁盛无比。其位于鱼埠塘边的油坊，规模较大，是兰溪西部地区最大的榨油作坊，生产菜籽油、茶籽油、桐籽油、芝麻油，有四台油车，几十个佣工，不但供应周边村落，也供应兰溪城内的油行。

---

① 李展中少年时代就读寿昌，成年后赴上海持志大学（为今天的上海外国语学院前身）学习。后参加国民党，1949年后随军去台，其子孙辗转各地，多有各行各业风流才俊。20世纪80年代落叶归根，最终埋骨故乡。

连三进建筑内景

李展中故居最早的一部分是位于最南端的并列的两个三合头建筑。其后随着家族经济实力的扩张，在原有基础上又建成并列两个三合头院落与老屋相接。据传，这个时期建造的木料均为别地拆建过来，木雕风格统一完整。随着家族进一步的发展，到清末民初，聘请东阳工匠，花费数年功夫建造出连三进。连三进建筑坐西北朝东南，占地二百九十八平方米，共三进，传统砖木混合结构，硬山双坡屋面，马头墙，石库门。建筑面阔三间，第一进方梁上雕刻"和平如意"图，檐口牛腿上雕神仙、人物等戏曲故事，骑门梁上雕"回"字纹，围栏上雕冰裂纹、几何纹、人物故事、"寿"字纹、柿蒂纹，围栏向下延伸，装饰垂花柱和挂落，第二进方梁上雕刻"荷合平安"图，第三进檐口牛腿上雕凤穿牡丹、金鸡啼鸣等纹饰，骑门梁上雕刻蔓草纹、人物故事，横梁上装饰垂柱。整个建筑格局完整，保存较好，雕刻精致。

连三进木雕细部

连三进二层内景

连三进建筑虽然是纵深方向为长轴线，但是在空间上并未强调依次递进的效果，反而是强调开敞、连通。在一层的空间，每一进给人的差别更多表现在小木作的雕饰上。而在二层则为不做隔绝的开敞空间，围绕三个天井，二层以不同的开窗形式营造出微差的空间效果。传统的前厅后堂楼的空间特色不复体现，此时营建者所着力的并不是建立主次分明的秩序空间，而仅仅是开敞的单体与单体相连的均一空间。

连三进建成后被称为会客厅，与原有房屋相连，自此形成前有院落，后有花园的规模宏大的建筑组团。民国年间，李展中在会客厅与原有老屋空地再建二层阁楼，自此这处民居建筑群成为我们今日所见的规模风貌。连三进在新中国成立后曾一度作为李村乡政府办公驻地和邮电所，

李展中故居阁楼

李展中故居内景

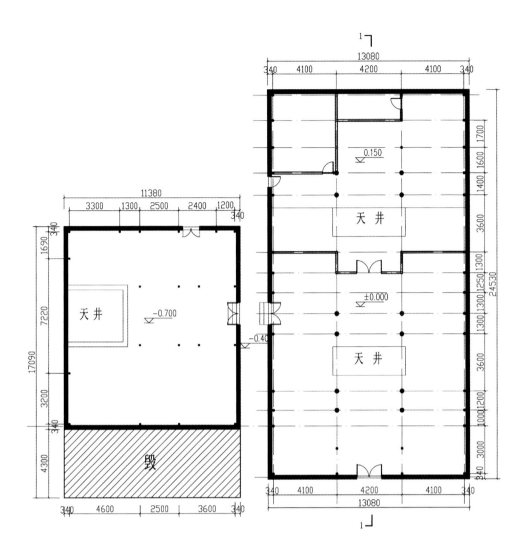

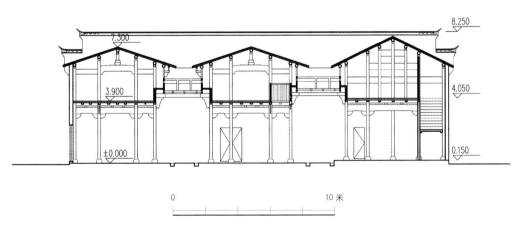

连三进建筑平面及纵剖面　图片来源：海口市城市规划设计院

20世纪80年代后作为粮食加工厂、榨油厂，由此得以完整保存下来。

清末，浙西地区整体经济衰落，兰溪城因为水路交通的历史优势，仍然保持着小县城的热闹繁荣；而城市周边的村落则相对地闭塞安静，李村及其周边村落的科举成绩更是日渐寥落，它们远离政治、经济中心，甚至开始发展滞涩，日趋落后。婚嫁联姻之地从兰溪县城慢慢缩退到周边村落了。宗谱中序言的作者从出于友情赞助的在京名宦，到本地区为光耀门楣的升斗小吏，终于变成依靠亲情支撑的家族子侄。我们可以说李氏家族的活动范围缩减了，所能达到的视野与境界萎缩了，但是在有限的地区的演变中，李氏凭借着一条官路穿村而过的微弱地理优势，毕竟保留了中心村落的地位。李村界路的发展进入了尾声，界路两边的店铺逐渐衰败减少，原本开敞的店面被陆续改造为住宅，界路

的界面变得更加地封闭，最终到了民国末年只保留了崇本堂前的几家药店、食品铺。但是相对于周边整体萧条寂寥的小村落，李村依然要热闹一点，白天，村里的大街小巷偶尔会听到叫卖声。自带拨浪鼓的杂货郎有俏皮的吆喝词："一百块不要两百块，要买赶快来，不买不要悔……"此时小孩子们会闹将起来，家里有老人的孝顺子女总会买一点，而年轻的姑娘媳妇也多半是嘴馋的。"看到妈妈哭起来，鸡蛋捡起来"，除了货币交易，仍有部分的以物易物，用鸡蛋等自家农副产品进行交易。走街串巷的货郎有专卖食品的，如凉粉、水晶糕；有专卖生活、生产用品的，如吆喝"钢针、棉线、梅花粉"；有兜售修补制作技艺的，"磨剪子，抢菜刀"；还有修锁补锅的，现场定做铜勺铜碗的等；更有远路而来的手艺人，随遇而作，借宿在村子里，自带木炭火炉，生火做饭……

上吴
方村

「下 篇」

上吴方村北靠玉华山，玉华山自北向南绵延而下，在此地分作三条土岗，分别是西北面的仙坛岗、东北面的松梅岗和南面的前山头，这些支脉与东面一座称为柿树园的小土岗紧紧围合着一小片低地，这里便是上吴方村的立村所在。在上吴方村正式立村之前，宋元时便有谭、夏和吴姓人家散居在各个土岗的边缘。

第一章 概述

一、方氏一脉

二、选址与布局

从李村往东走，不到三公里的地方便是上吴方村，自上吴方村再走两公里，为新叶村。李村与新叶村均为宋代立村，李村凭借兰寿古道的商业优势发展起来，新叶村则是典型的农业村落，两村中间就是上吴方村。

上吴方村北靠玉华山，玉华山自北向南绵延而下，在此地分作三条土岗，分别是西北面的仙坛岗、东北面的松梅岗和南面的前山头，这些支脉与东面一座称为柿树园的小土岗紧紧围合着一小片低地，这里便是上吴方村的立村所在。在上吴方村正式立村之前，宋元时便有谭、夏和吴姓人家散居在各个土岗的边缘。如今上吴方村北面还保

留着夏家井，南面前山头下有吴家井，以及东北面松梅岗下又有谭家井，正是从前多姓散居的见证，这种状态一直维持至明代初年方氏家族迁居至此。方氏在此定居后，人丁发展壮大，渐成为村落的大姓。

一、方氏一脉

方氏是历史上最早迁徙到南方的氏族之一。作为徽州八大姓氏之一，方氏在浙皖两省所立村落规模很大，人数众多。方氏族人奉东汉洛阳令方储为南渡的始迁祖。五代十国时期，其后裔方俊任青田令，因避战乱辞官回乡，途经兰溪西乡东岩，见景致

方氏后人所保存的光绪年间的祖宗像

上吴方村

优美，遂于东岩附近的姚墩结庐居住，繁衍生息。南宋绍兴年间，姚墩始祖八代孙襄，改迁于双溪（即今兰溪下方村），为双溪始祖。据《玉华方氏宗谱》载，明洪武初年（1368—1398年间），十世系廿二元明公昊，自兰溪下方村迁居于玉华山麓上吴村，入赘吴氏门内，是为上方始祖。其后吴氏渐次凋零，或有其族人迁往别处，可村名仍以吴、方二字为名，称为上吴方村。村名中保留"吴"字，以示对吴氏的纪念。方氏昊公生一子曰宜廿三公；宜生一子曰富九公；富生三子，长增廿公，次增廿四公，三增卅四公，从此，形成孟、仲、季三房。仲房与季房先后繁荣，孟房相对羸弱，人口较少。方氏自此繁衍传承至今，约有千余人。

二、选址与布局

上吴方村坐落在玉华山脚下，整个村落的布局及朝向均顺应地势的变化。从远处看去，村落坐西朝东，背靠玉华山，对面为笔架山，左侧为道峰山，右侧为红裙岩，整个村落地势西北高，东南低，由玉华山上流下的溪水于村落北侧一分为二，环绕村落，从东北和西北两面向东南的村口流去，并交汇于村口。旧时村落建设一直严格控制在双条溪流围合的区域内，沿着溪水形成的道路也成为村落的主要道路。紧贴村落的四周是高低起伏的小岗，分别是仙坛岗、松梅岗，前山头、柿树园。距离村落稍远的南侧有唱歌山、八麻车岗。这些围合村落的小丘、山岗经历代培育，到清末至民国年间，山岗上松、柏、枫、樟郁郁葱葱，各类禽鸟筑巢其间，整个村落掩映其中，宛如世外桃源。

1. 风水景观

从大的风水布局上讲，上吴方村背靠玉华山，以玉华山为祖山，西北高、东南低，符合风水学的"天地之势"，但以玉华山

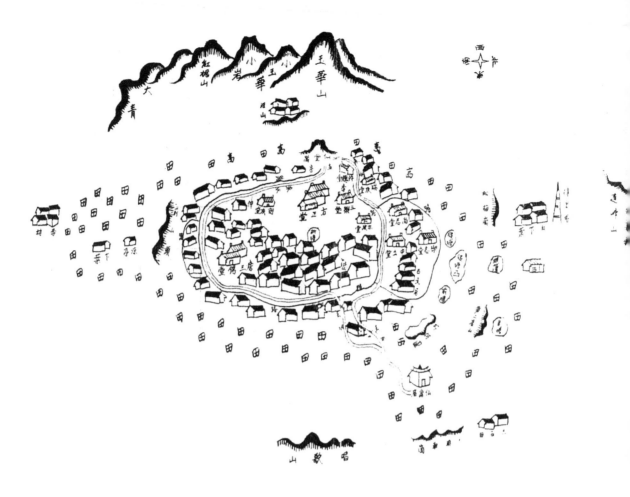

上吴方村里居图

与上吴方村连线做延伸，连线的
另一端却缺少与玉华山体量相
匹配的山体作为村落的朝山。[①]
加上吴方村村域面积狭小，溪
水流程短，不利于风水上的"藏
风聚气"，于是在村落南面约三

公里处建立了仙翁庙，以补充朝
山不足的风水弱势，同时再次起
到镇锁溪水的作用，形成村落的
远水口。仙翁庙远离村落，作为
祭祀方氏南迁始祖方储的庙宇，
在象征意义上有玉华方氏大宗

---

① 比上吴方村立村更早的新叶村，同样也以玉华山为祖山，并选择道峰山作为朝山，村落选址
　在玉华山与道峰山垂直线的交会处。

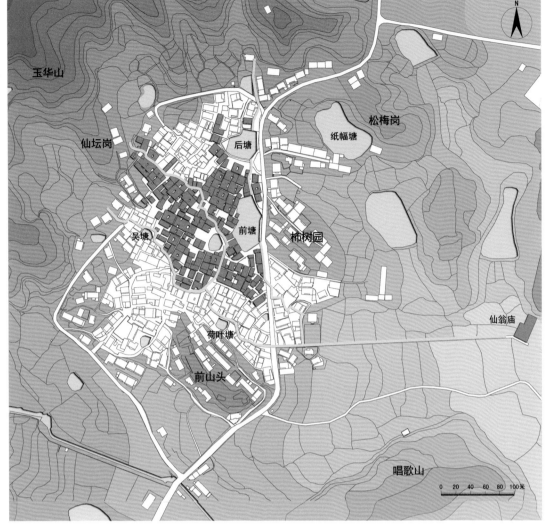

上吴方村选址图

祠的意味。[①]仙翁庙第一进建有
文昌阁，体现了玉华方氏对文化
教育的重视。

上吴方村历史上吴、夏、谭
等姓氏多散居在靠近山岗的高地
之上，中心盆地容易积水，本不
是适合居住的地方。但方姓家族
迁居至此后，对这一区域进行了
大规模的水利调整，这是其家族
繁荣发展的重要基础。

由于上吴方村内地势较
低，容易形成内涝，深挖水渠，

①　玉华方氏是从双溪方氏迁移过来的支脉，在双溪建有方氏宗祠，作为玉华方氏与双溪方氏共
　　同的大宗祠。

上吴方村前塘景观

开挖池塘成为调节溪流的必要手段。仙坛岗两侧有两条小溪流入盆地之中。一条从三乐堂、方正堂前依次流过，另一条溪水自仙坛岗南侧流出，流经吴塘，两条溪水在西面的三锡堂前汇合，将仙坛岗下的一片高地围合其中，是上吴方村早期的村域范围，即方氏家族兴起的地方。与早期村落居住区隔着一大片低地的柿树园，成为玉华方氏早期族人的墓地。而作为镇锁水口补足朝山的仙翁庙，也在此阶段在柿树园南侧被建立起来。

清代中后期随着人口的增加，村落的范围开始突破两条小溪的边界，向溪的东、南、北三个方向发展。在后来的发展中，孟房人口较少，在原地不变；仲房主要向南发展，以三锡堂为核心，向南发展出包括仪凤堂在内的大片居住区，同时南侧在仙坛岗与前山头之间的低地上，营建

了以怡顺堂为核心的居住组团，这里地势偏低，方氏族人通过种植树木来补风水，使得仙坛岗与前山头这两个小山岗在视觉上连成一片，成为整个村落的右侧护砂。此处向南有路通往李村，是村落的另一个重要村口。①

季房主要向东、北两个方向发展，也分为两个片区，即东侧以尚志堂、尚德堂为核心的长弄堂片区，以及北侧的尚友堂片区。为了解决村落东面新建区的排水内涝问题，方氏后人将前塘与后塘之间的低洼地填高，通过深挖排水沟，将后塘与前塘连接起来，新的水渠在村落东面汇入小溪，原来的两条小溪成为村落的内溪水，而新开挖的水渠成为外溪水，将新的居民区再次围合界定。内溪与外溪在村落东南面汇聚为一条，自柿树园与前山头之间的低地流出。水口东移，水口的仙翁庙也移建到东距柿树园

---

① 怡顺堂片区在清末太平天国时期损毁严重，没能保留下来，现状中仍然因为地势较低，在雨季常有积水。

上吴方村

约两公里的地方。这里靠近连接新叶村和李村的大路,仙翁庙处遂成为上吴方村最重要的村口。上吴方村村落内部原有水塘十几个,现状保留下来的有位于村中的荷叶塘、吴塘、前塘、后塘,以及位于方正堂前的风水塘。南侧地势较高处的荷叶塘与吴塘均面积较小,与仙坛岗南侧流下的溪水相通,只用作排水塘。而位于村落东侧低洼地处的前塘与后塘则面积较大,在池塘边有几处小型水埠,供村人浣衣洗菜。这些池塘及其周边区域,调节了相对拥挤闭塞的建筑空间,在村落景观构成及功能划分中起到了较为积极的作用。

上吴方村的村落小景很别致。与周边李村与新叶村相比,因为营建用地紧张,整个村落仅仅在住宅组团之间才有不规则的小块空地。这些小块空地被很好地利用起来,每一处都经过妥帖精心的布置安排,成为密密麻麻居住区中的点睛之处。如仙坛岗北侧的上水口位置,自然的水景

经过人工布置,成为村落中重要的一景。

2. 村落格局

《玉华方氏宗谱》中记载,明代洪武初年,玉华方氏第四世昊公"幼犹馆吴氏之室,长即奋然有志,择吉地营祖三代佳城,卜阳宅以贻子孙百世基址,即今方正堂"。由此可知,方正堂一带正是玉华方氏最初肇基立村的地方。方正堂南侧有池塘名为吴塘,旁边有水井名为吴塘井,是吴姓居住地,而方正堂的北侧则因为紧靠着仙坛岗,地势较高,自然而然成为村落早期的发展用地。村人称这一地段为"水阁尖"。昊公以下从第四代开始分为孟、仲、季三大房派,其后仲房和季房人丁兴旺,成为村中两大房派,以方正堂及其前水塘为轴线,各个房派的分厅及住宅以相连成片的形式分布于方正堂的左右两侧,《玉华方氏宗谱》中记载有十一座祠堂,今遗存七座。以方正堂所在

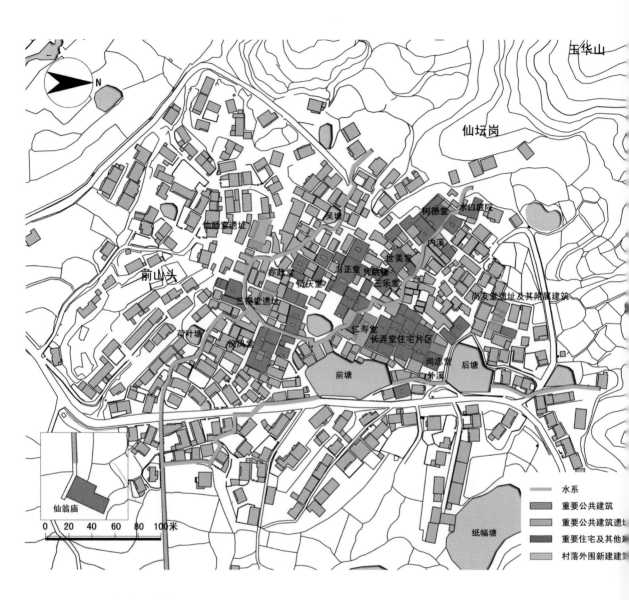

玉华山

仙坛岗

树德堂 水口庭院

吴塘

后山堂遗址

内溪

世美堂

前山头

亦政堂

方正堂 凭眺楼

笃庆堂

三乐堂

绵堂遗址

尚友堂遗址及其附属建筑

荷叶塘

仁寿堂

似凤室

长弄堂住宅片区

前塘

尚志堂

后塘

外溪

仙翁庙

0 20 40 60 80 100米

纸幅塘

水系

重要公共建筑

重要公共建筑遗址

重要住宅及其他

村落外围新建筑

上吴方村建筑遗存图

轴线为界，以北为季房居住组团，现状中在水阁尖地段连片分布着树德堂、萃玉堂、世美堂等一系列的厅堂建筑群。方正堂以南以东则为仲房的居住区，仲房发展早期的建筑保存下来的较少，主要有祠堂建筑三锡堂、仁寿堂等，该地段则被村人叫作"新屋底"。

在两条内溪围合的村落范围内，唯一的空地位于方正堂与三乐堂之间的地带。方正堂作为方氏三大房的总厅，东侧的正立面上无门，村民传是因为风水的原因[1]，方正堂不开正门，只在建筑两侧开侧门。试分析一下，又不尽然。方正堂北侧，在方正堂与三乐堂中间，有一处被村人称为"门台底"的过街亭，亭为一层，轴线与方正堂垂直，穿亭

而过，正对着方正堂前厅的侧入口，所以此处过街亭实际上就是方正堂的正门。亭上悬挂"仁山仰止"的匾额，此处的"仁山"两字包含着两层含义：其一，仁山是人们对元代著名理学家金履祥[2]的尊称，将此尊称题写于祠堂门台处，表现方氏族人的文化传统；其二，门台的建设是对村落东面名为"仁山"的山体的呼应。[3]据此推断，在上吴方村早期历史中，村落的风水很可能是以西边的玉华山为祖山，以北边的九华山或者道峰山为朝山的，两山与村落构成直角三角形，村落位于直角的交角处。上吴方村发展早期的这种布局与相邻的新叶村几乎完全一样。所以说，"方正堂不开正门"的做法是为了强调南北的轴线，以

---

① 村人传说方正堂后厅台阶下原为双排村祖坟所在地，若方正堂开正门，双排村必出贵人，会导致方氏一族的文气、财气外泄。

② 金履祥（1232—1303年），字吉父，号次农，自号桐阳叔子，兰溪（今浙江省兰溪市桐山后金村）人。宋、元之际的学者。为浙东学派、金华学派的中坚，北山四先生学派的主要代表人物之一，学者尊称其为仁山先生。

③ 关于仁山有两种说法，有人认为东边的九峰山中，有一山名为仁山，也有人认为道峰山即为仁山。

此来呼应村落早期的朝山。

只是后来，也许是因为上吴方村与北边之山之间隔着新叶村，也许是随着村落的进一步向东发展，整个村落东西向的肌理更加明确，到清末至民国时期，方正堂前的亦政堂被迁建到了方正堂右侧，方正堂前才有一片开阔的场地，场地前为半月形的风水塘，方正堂东西向的轴线由此被进一步地强调出来。在经历代不断修改而流传至今的方氏宗谱中，村落布局图便不再强调北侧之山，而是把村落的朝山认为是东侧的唱歌山、八麻车岗等小型山体。这些山体的体量较小，似乎与作为祖山的玉华山并不匹配，所以位于村落东南水口处的仙翁庙本身也有补朝山的意义。

方正堂北侧门台下，两侧有石质台阶，据传此台阶多为村内长者休息闲谈场地，年轻人则没有资格坐在此处。紧邻门台并列而建的是一处私塾，是三开间的二层楼房，属于季房派下，据方氏后人介绍，该建筑始建于明末，后被毁，于清末在原基上重建。[1]在用地资源如此紧张的情况下，除去各个居住组团内部的书房以外仍有专门用于私塾的单体建筑，更加彰显了整个宗族对文化教育的重视。而私塾的旁边则是季房的房厅三乐堂。方正堂与三乐堂周围又分布着各个支派的房厅祠堂。另外与三乐堂紧密相连的还有上吴方村现存年代最为久远的一处楼阁建筑。这一区域的建筑等级高、年代久、地位重要，是上吴方村的中心。

明末至清中期这一阶段，方氏家族在商业经营中积累了大量财富，随着人口的增加，在双溪之外营造了成片的建筑。尤其是前塘与后塘之间的长弄堂片，前后十五个院落连片分布，形成规模较大的建筑群。

---

[1]　建筑坐西南朝东北，占地91.4平方米，建筑为二层传统砖木结构，硬山双坡屋面，面阔三间一弄，进深五柱四间七檩。

"仁山仰止"门台下休息的老人

在新发展的建筑群与村落旧有建筑之间，也就是沿着双溪周围的地方，有许多不规则的地块，在此阶段，也被充分地利用起来，建起各种的附属建筑及公共建筑，如碾坊、油坊、私塾、医馆、药房、杂货铺等。而在前塘与后塘周边则分布着厨房、杂房、菜园等。整个村落结构紧凑，密不透风。村内各个居住组团之间的公共巷道没有直巷，主街沿着两条内溪曲折蜿蜒，最宽处不过两米，其中还有近一米宽的小溪，更窄的街巷则仅能容一人通过。深邃幽微、变化丰富的街巷空间成为村落建筑景观中独特的一景。街巷两边多为粉墙，其上装饰各式小窗。这些高低错落，形状小巧别致的窗洞加之变化丰富的马头墙，有效打破了街巷狭窄封闭的空间感受。

上吴方村用地如此紧张，村落内大部分的建筑严格按照玉华山—仙坛岗的连线呈西北—东南走向，做到了在有限的用地范围内，最大可能地节约用地。后期甚至在公共巷道上加建过街楼以拓展面积。这些过街楼宽也不过一间，由于相对安静，通风状况良好，常用于居住和存储，有的甚至被辟为书房。这些过街楼将相邻的居住组团连成一体，雨天随意行走在过街楼下，不会被雨淋湿。因此上吴方村有了"太公不走天公路"的说法。

3．村落生活

上吴方村长弄堂片所保留下来的不同时期的精美建筑群，是玉华方氏几代人用心经营并长期累积的成果，这说明上吴方村方氏这一支在清中后期曾经具有丰厚的经济实力。

根据季房后人方庆元于1997年时所写《上吴方小史》可知，清末居住于长弄堂的方德毅，庠生，为人端方，替民排忧解难，望重乡里。方德毅的长子方会苏，博学多才，"有林和靖之风，喜抱独身"。方会苏悉心培养侄辈，并十分注重量材施教，如让二弟之子方作芸专心功名，而让三弟之子方集逵钻研医学。方德毅次子方会启专心经商，清代末年在李村界路上开设酒肉南货店，生意兴隆，广置田地，乡人称其有"陶朱之遗风"。传至四代，为方锦昭，其人交友颇广，如与严州知府叶浩书、进士刘焜等都有交往。方锦昭热心公益，民国初年在村中开设新式国民学校。其长子为方寿祯，曾任教员，后出任兰溪县华南乡乡长。方锦昭之三子为方寿庆，青年读书时代便秘密加入孙中山组织的国民党，后赴广州，参加北伐运动。方寿庆生平亦热心教育事业，曾创办杭州中山中学、兰溪县立中学，还曾资助建立家乡的县立儒源小学。在清末到民国这一段动荡的岁月里，季房派下能够连续几代兴旺传家，跟他们家族内部分工明确、密切合作的经营理念是分不开的。如今从长弄堂的承志堂中所保留下来的地契及祭祀账簿等相关文书中可知，宅院主人在本村及周边村落拥有近百亩田产。据曾经居住其中的方氏后人所讲，在"土改"运动中仅被烧毁的书籍字画就有二十四担之多。这些都见证了上吴方村曾经的繁荣。

在村落发展的后期，尤其是进入到民国以后，随着宗族人口的增加，土地资源更加紧张，有相当一批方氏后人渐次迁移至松江、太仓、温州等地定居。上吴方村内更多的人靠砍柴、摘箬、采药材、外出帮工来维持生计，尤其是砍柴者，每当雨雪天气持续，便有断炊之虞，饥寒交迫，生活十分困苦。民国己卯年（1939年），由方氏族人牵头组成"玉华山森林会"，认股投资，出力栽植松树。不及十年，满山松木蓊蓊郁郁，初则伐枝留树，继则砍莠留强。自此村里每家每户门前松枝松杆堆积成垛，可随时用于出售，整个村落的经济状况得到了很好的改善。在历代因地制宜、改良水土的过程中，

方氏族人似乎已经积累了丰富的经验，形成了优良的传统。这一次，再次依靠宗族的有力组织使得整个村落摆脱了困境。这个阶段上吴方村虽然不以农业生产为主业，谋生手段多样，但始终没有发展到一定的规模与范围，所以并未对村落布局及建设产生变革性影响。

上吴方村

第二章 | 祠堂与庙宇

一、祠堂

二、庙宇

三、民俗活动

一、祠堂

1. 方正堂

　　方正堂背靠着玉华山，顺应山势而坐西北朝东南，其后便为仙坛岗，仙坛岗以及其上繁茂的树木加强了整个村落以方正堂为轴线的序列感，增添了方正堂的气势。方正堂作为玉华方氏三大房派的总厅，在历朝历代不断的修葺与加建中形成了今日的规模与形制。方正堂始建于明宣德十年（1435年），初名雍睦堂，至明

玉华山下的方正堂

崇祯年间被烧毁，后由庭禄公等发起重建，并扩大了规模，改名方正堂，清乾隆三年（1738年），又遭大火焚毁。清中期重建第一进，于民国初年加建二进，后于民国三十二年（1943年）进行翻修，其前原有亦政堂，在此之后的第二年被拆迁移到了方正堂右侧的地方，同时将祠堂两边私家的多个粪池填平，建造简易三合头与一间一层杂房与祠堂相接，作为厨房等配套用房。由此方正堂的正立面被展现出来，加之其前的半月形风水塘，方正堂的空间序列更加完整。

　　方正堂占地707平方米，长约51.76米，宽约13.75米，由五进院落组成。

　　第一进设置戏台，面阔三间，牛腿雕有秦琼卖马、文武状元、五子登科、五女拜寿等戏曲故事场景。[①]第一进院落与第二

方正堂正立面不开门

----

① 　上吴方村近代历史上有过两个戏剧班子，一个是昆剧班，始于民国十八年（1929年），延续两代，另一个为婺剧，始于民国九年（1920年），均在农闲时节到周边村落演出。

方正堂牛腿雕刻

进之间的天井周边为四根青石方柱，高5.5米，直径1.22米。石柱之上有对联，如"方圆为规矩而至，正大见天地之情"；"解维青田诒燕翼，迁居华麓衍云祚"；"玉脉钟灵庭内祥光莹旭日，华峰挺秀阶前瑞色霭春风"。第二进当心间的骑门梁雕刻精美，匠心独具，雕刻内容为"双狮戏球"，狮口中绣球独立，能迎风作响，极为讲究。檐下牛腿亦雕刻狮子戏球等吉祥图案。

方正堂的第三进与前后两进均有墙相隔，中间开门相通，空间相对独立。第四进与第五进均为后期修缮，第四进北侧山墙处设置土地公神龛，第五进设神龛，供奉历代方氏族人牌位。两进均为一层，不设隔断，连成一片，空间开放，满足了祭祀活动的场地需要。

因为玉华方氏作为从下方方氏迁出的一个支派，其所属的方氏总祠建于下方村，而作为方氏宗祠象征的仙翁庙远离村落，

方正堂正厅内景

方正堂后厅内景

且只是作为供奉始祖方储的专祠，因此方正堂在实际功能上也承载着方氏总祠的职能，其规模比周边村落的房派总厅规模更大，方氏一族重要的祭祀活动均在此举行。上吴方村近年编纂的《玉华方氏宗谱》记载："上方祭期冬至日，其陈设仪制悉遵文公家礼，自明朝万历八年（1580年），始行此仪，独树一格，推年高份长德望并隆之人为主祭者，先把宰掉猪羊扶在两边木架上，由主祭者唱程序仪式。第一项：由学历较高者读祭文。第二项：初上香，亚上香，三上香。第三项：献羊血鸡毛血。第四项：由童侑觞待四章①，将当时在村小学学生分成左右两行，按顺序各行念一句，依次念完。"

每年正月初一上午，在总祠还要举行团拜会，各户主到总祠上，先向祖先上香，然后点燃用

---

① 待四章内容包括《孝顺父母章》《尊敬长上章》《和睦乡里章》《教训子孙章》。

白细布糊制的一斤花炮及鞭炮，待全部放完后，孟、仲、季三房后嗣共同拜天地，再互拜，以表宗族团结之意。照例这些活动都是不准女性参与的。农历十二月二十四日，则由各家携带食品和香烛等祭品到大厅香火前祭奠祖宗神位。

2. 三锡堂与树德堂

村落北侧玉华山上的溪水入村的地带被村人称之为"水阁尖"，村落东南侧地带村人则俗称为"新屋底"，意为"新房子所在地"。所谓新是与旧的、原有的相对比而言的，从名字上也证实了该地块的村落建设是晚于北侧水阁尖地块的。村里流传着新屋底与水阁尖的"太公"们打官司的故事。官司的起因是，水阁尖所属的季房派下指责新屋底所属的仲房派下所修三锡堂规模宏大，"大厅内有七步台阶，是严重的僭越行为"。而新屋底一方则指责水阁尖一方私设公堂。争论的焦点其实是在于祠堂的修建及相关的权利的掌控。三锡堂俗称"上下厅"[①]，明天启三年（1623年）所建，四进三天井，上下两厅高度落差五米[②]。三锡堂体现的不仅仅是仲房的崛起与兴盛，其背后所折射的是房派发展进程中不可避免的资源利益之争。在三锡堂建成十四年之后，即明代崇祯十一年（1638年），季房于水阁尖处建成树德堂建筑群体。现状中的树德堂共两进，是前厅后堂楼的形式，前厅雕饰华丽，后堂楼高敞。据村人口传，树德堂入口改建之前形制更为高大，与树德堂同时建成的还有东侧的另两处民居建筑。树德堂建筑群体的建设似乎有力地回应了三锡堂的"规模僭越"。

---

① 　上厅乃仲房柏四公派下之众厅，下厅为美三公派下之众厅。
② 　现状中该地基较为平坦，但地基南侧有高差五到六米，不排除现状地基为三锡堂拆除后为建民居地基被平整。

三锡堂遗址处出土的柱础

　　三锡堂在新中国成立后被拆除，近年又进行了原址复建。在复建的工地上，村民挖掘出了三锡堂的柱础。柱础由红砂岩制成，雕刻相当精美，见证了三锡堂悠久的历史。复建工程由本村的建筑老师傅负责绘制图纸。在访谈中，围观的村民会不时表达出对这位老师傅技艺的敬佩与夸赞，老师傅很肯定地告诉我们他年幼时见到过三锡堂的拆迁过程，对三锡堂的形象很熟悉，还表示对自己能参与自己房派的祠堂重建感到自豪。①

① 此建筑师傅名为方振声，六十岁的他曾经在杭州古建设计公司工作多年，他对村落传统建筑的构件的地方做法、名称都很熟悉，同时仔细研究过梁思成注释的《营造法式》和梁思成著的《清式营造则例》等。

上吴方村

3. 三乐堂

三乐堂位于方正堂的旁边，俗称"新厅"，为季房宏十公派下之众厅，正厅始建于明隆庆四年（1570年），后于清初重修，门厅则主要是民国时期的建筑。现状中，该建筑坐西北朝东南，占地256.4平方米；与方正堂类似的是，尽管三乐堂前面有充足的空地，但三乐堂的正门入口依然设置在正立面的一侧，没有华丽的装饰门头，简洁低调。不同于周

边村落大型分祠堂多布置为三进院落（前厅、过厅加寝堂）的形式，三乐堂为两进院落，平面整体呈"凸"字形。可能为地块所限，第一进平面略不规则，主体面阔三间，面向天井的前檐柱略向两侧次间偏移，使得当心间位置的天井空间在视觉上更显敞亮。第二进院落前檐设轩顶，梁架雕饰华丽，檐下牛腿雕刻戏曲场景及亭台楼阁。后檐处当心间向外凸出一间，第二进为双坡屋面，

三乐堂正立面

三乐堂正厅内景

三乐堂正厅梁架

顺坡而下，凸出于外的一间室内高度较前两进更低。因为三乐堂始建年代较早，此种平面布局的祠堂在周边村落的祠堂中也有类似者，可能与村落早期祠堂营建理念与祭祀仪式相关。

4. 亦政堂及其他

亦政堂为仲房的分厅，始建于明代，原本位于方正堂前，后于民国三十三年（1944年）整体搬迁于方正堂南侧，现状中保存状况较差，遗存为三开间的一进建筑。建筑层高为一层，檐下有"回"字纹样式的牛腿做装饰，亦政堂当心间梁架结构很有特色，经过简单加工的圆形梁直接置于立柱之上，且两侧有梁头分别向前檐与后檐处伸出。与此结构相类似的还有上吴方村的另一处建筑，即水口庭院的主体建筑。这种梁柱交接形式可能代表了村落早期建筑结构的一种类型。

在亦政堂的旁边，与方正堂一巷相隔的是衍庆堂，衍庆堂建设年代较晚，大概是清末，

亦政堂梁柱交接细部

平面为简单的三开间加一弄的形式，无天井，有二层，当心间设正门，面向方正堂方向，西侧山墙处设边门。其建筑形制较为简单，现作为村内小作坊使用。另《玉华方氏宗谱》中记载有面山堂等其余七座祠堂建筑，因年代久远，现状中均已难觅遗踪。

二、庙宇

仙翁庙作为供奉方氏始祖方储的祠庙，在江浙地区并不少见。方氏作为迁居江南的望族，尤其在徽州地区，被称为黟县的第一大姓。早在五代后汉时期，其始祖方储便被官方敕建名贤祠，宋代得庙额为"真应"。其

仙翁庙远景

仙翁庙内景

上吴方村

后明清时期，随着方氏后裔的发展繁衍，由真应庙延续而来的仙翁庙在各地众多方氏村落里被营建起来①。

上吴方村的仙翁庙始建于明天顺四年（1460年），最早选址在柿树园附近，后迁于现状选址处。其后，历代对此处仙翁庙多有修缮，1998年重建后一进，修缮第二进，2004年再次修建一进。现状为三进院落，平面呈不规则的梯形。一进为二层阁楼，为文昌阁，供奉文昌帝君。二进主要供奉方氏太祖方储，太师壁前案台上有两尊仙翁像，一为木雕游像，供族人在总祠方正堂祭祀时使用，一为泥塑，就地供奉。三进院落则供奉观音、关公、罗汉等泥塑，民间信仰的多样性及功利性在此体现无疑。

如前文所述，仙翁庙的选址

① 朴元薰《方仙翁庙考——以淳安县方储庙的宗祠转化为中心》，载郑振满、陈春声主编《民间信仰与社会空间》（福建人民出版社，2003年版。）

伴随着村落的发展规模有相应的调整。现存的仙翁庙所在地正是上吴方村中端水口所在的地方，流经村落的两条小溪在柿树园附近交汇为一条，交汇处为近端水口，交汇后的溪水蜿蜒流淌向东南，在仙翁庙前汇聚为一个小池后，继续流向东面，远端的唱歌山、八麻车岗则是上吴方村的朝山。因朝山距离上吴方村较远，且形态不理想，在水口的中端营建一座人工的庙宇则可起到镇锁水口补足风水的作用。同时，在村落近景，因为被周围小山丘团团围绕，途经此处的人看不到上吴方村的全貌。仙翁庙作为入村的标示建筑，立面华美，也是对村落形象的有力展现。

三、民俗活动

上吴方村历史上民俗活动多样，传承至今最有特色的是正月二十的迎龙灯活动。自明天启七年（1627年）即有的清明灯会，后至崇祯九年（1636年）改为正月二十灯会。因此时令天黑得早，又是一年春天的开始，有利于人们观赏灯会，当时有各式各样的花灯，像布龙灯、龙头龙尾木雕描金的桥皮灯等。桥皮灯龙头放于四柱方架上，龙嘴边挂满龙须，龙头后面是桥灯，一节木质灯板上有三盏灯，点三只蜡烛，外套有书画纸糊的灯罩，一般有八十多节。当是时，由专门的队伍抬着扎制而成的龙灯绕着村落游行，敲锣打鼓，人山人海，热闹非凡。队伍从仙坛岗起，先逆时针绕岗三圈，之后到村内主要道路上都行走一遍，再回到岗上顺时针绕三圈。龙头抬到村民家门口时，全家人出来接灯，放鞭炮，焚香祭拜，并拔上几根龙须，以祈求来年风调雨顺，兴旺发达。迎灯结束后，各家将桥皮灯背回，放在堂前，点烛供奉。仙坛岗作为上吴方村的仪式之山，在村人的意识中很有点神圣的味道，仙坛岗上的一草一木都是被保护的，放牧更是被绝对禁止的。

上吴方村

板凳龙灯

游灯结束后板凳灯放到各家保存

上吴方村

第三章 | 居住建筑

一、水阁尖迷思

二、从"楼"到"堂"

三、构造与装饰

与周边的新叶村与李村相比，上吴方村所保留的历史建筑所建年代跨度大，从明代到清代到民国，这使得我们可以从较多的单体建筑的对比中获知民居建筑结构布局及装饰风格等特点在发展中的变迁。

一、水阁尖迷思

村落方正堂北侧一直延续到仙坛岗的地段，是玉华方氏宗族肇基发展的地方，其北侧靠近仙坛岗的地方是玉华山上的溪水入村的地方，是村落的上水口位置，这片区域一直被村人称为"水阁尖"。关于水阁尖的得名，在调研过程中有村人认为是因为该地块因靠近仙坛岗，岗下的平地呈尖角，而水阁指的就是靠近村落水口的树德堂，所以叫水阁尖。"尖"字因地形而来可以理解，但是树德堂作为季房的分厅，从布局到空间均较为严谨内向，且离水口有一定距离，跟溪水关系也不密切，不太可能采用"水阁"这种名字。倘若是这样，那么水阁尖的水阁则是另有所指。其所指代的建筑物与村落水口及溪流在布局与功能上应当有密切的联系，方才不负"水阁"之名。但作为村落的发祥地，各个时期的历史建筑多有变迁，经过历代改建新建，历史信息叠加，芜杂难辨。"水阁尖"的由来就像是一团迷雾，耐人寻味。

幸运的是在一次偶然的访谈中，笔者见到村人方志松的一本手抄小册子，上面抄录了一部分《玉华方氏宗谱》的内容，其中有一段记载，说的是明代嘉靖年间有位思瑛公（为上族仲房行行七），号贮芳园主人，"轻货财，嗜诗书，善吟咏，雅重斯文，一时之乡先哲如枫山章公、北园郑公、四泉唐公皆素相亲相密，所创凭眺楼、贮芳园、西山草堂等皆有，诸各公为之记，从事府橼归，有《金华送别图》，游寮邸，有《京城饯别手卷》，皆一时名公佳句也。所著作有《草堂手稿》遗于后，今《贮芳园记》尚存，余俱缺"①。

这位仲房思瑛公解官归来，隐居乡里，建楼修园，而当是时，仲房的营建范围恰好就在今天的水阁尖一带。在随后的调研中，贮芳园与凭眺楼在这一带被重新发现。

1. 雅园寻遗踪

从现状中看，上吴方的上水口处空地仅有四五平方米，并不高大的土岗在此经过了精心的布置：在几平方米的狭小场地内有陡峻的高坡，高坡之上种植茂密的竹丛，竹丛下人工堆砌出岩石罅隙，嶙峋山石中并不丰沛的溪水淙淙而下，沿着一段人工铺设的石质水渠流入村内。紧挨着水口的地方就有一处庭院建筑，这处水口庭院，笔者认为或就是当年修建贮芳园的位置。

与周围居民三合头、四合头的对称式布局不同的是，现状水口庭院中的建筑，整体布局为非对称式，建筑主体结构在面向水口的那一侧做了处理，即后檐下采用了轩顶的做法，身处廊下，视线越过低矮的围墙，对面正是水口景观，有山石，有竹丛，有溪水，有低矮的院墙、简朴的门楼，四季景致变化分明，一派诗意盎然。如此看来，有仙坛岗屏

---

① 同样内容见载于《玉华方氏宗谱》卷七，2007年续修。

水口处现状

障在侧，再加上水口景观别致，环境可谓清雅幽僻，筑园于此，取名"贮芳"，确是十分地契合。而贮芳园内建筑因紧靠水口，被后世称为水阁也是顺理成章的事，流传后世的"水阁尖"中的"水阁"正是来源于此。虽然水口庭院现状使用较为混乱，外立面多有改建，但整体的布局以及主体结构保存较好，贮芳园的昔日风貌便影影绰绰掩映于此，惹人遐思。

2. 燕坐高楼

在水阁尖地段内，由水口庭院向南相隔约50米，有一处村人俗称的楼上厅建筑。村民传其为村落现存建筑中年代最为久远的。笔者判断此楼上厅为思瑛公所修的凭眺楼。从现状遗存看，该建筑为单栋三开间加一弄的二层木结构，其北侧次间被三乐堂占压，建筑西侧已经被改建，当心间及东侧次间保存较好，两者开间大致相同。此建筑一层层高1.9米，一层梁架为板梁，梁两

端雕刻弧线纹样，与冬瓜梁梁头的立体弧度相似。二层层高约3.65米（自二层地板到当心间天花最高处），整个二层正立面全部开敞，仅在前廊处有栏杆围护。整个二层去除弄堂与前廊部分，被均分为三个正方形开间，每个开间屋顶均设"井"字形天花，围绕天花四边设四组柱头斗栱，八组补间斗栱，共计十二组。同时，宽敞的前轩也设置简易的天花，这座楼上厅无论是开敞的布局还是天花的设置以及斗栱的运用，均与村落里所遗存的其他传统木结构形式与装饰风格差异较大。

由此我们不难联想到贮芳园的主人，以及与贮芳园同时期的凭眺楼。贮芳园主人曾经在外地为官，游历过金华与京城，于晚年解官归家之时，修建了这座楼上厅。此厅一层层高较低，二层较高，装修华丽，空间开敞，正是适合于凭栏远眺。楼上厅依傍于西山草堂与贮芳园旁，作为隐居养老之所，更是合适。闲时与

凭眺楼天花

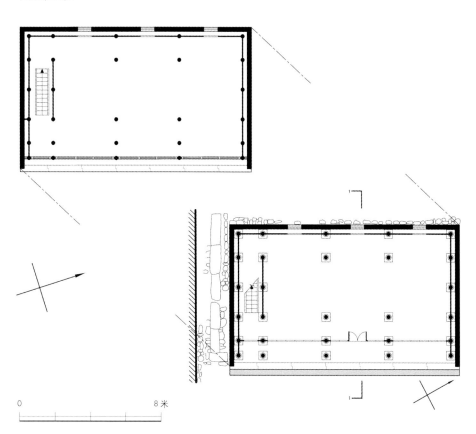

0　　　　　　　　　8 米

凭眺楼一层及二层平面

三五好友燕坐于高楼之上，吟诗作赋，凭栏远眺，游目骋怀。凭眺楼的名字可谓实至名归。

通过梳理完整的《玉华方氏宗谱》，可知，思瑛公的长兄是思瓛公，建造了仁寿堂，思瓛公有一子名骥，建有宝月楼。（凭眺楼、仁寿堂相对位置见本书上吴方村建筑遗存图。）

上吴方村的楼上厅，究竟是思瑛公的凭眺楼，还是思瓛公之侄方骥所建的宝月楼呢，笔者的判断是凭眺楼，原因有二：

第一，根据楼上厅所处位置判断。根据前文对保留下来的楼上厅位置的分析，明中后期方氏营建地段用地范围还很宽裕，凭眺楼、西山草堂以及贮芳园作为一人名下的建筑物，是连成一片的整体建筑群，占据的是当时地势较高、较为有利的地段，也就是今天的水阁尖地段。而思瓛公所建仁寿堂则位于今内溪之外的东南方，在水阁尖地段之外。两者选址的不同有两种可能：一是营建年代有前后之别，仁寿堂建

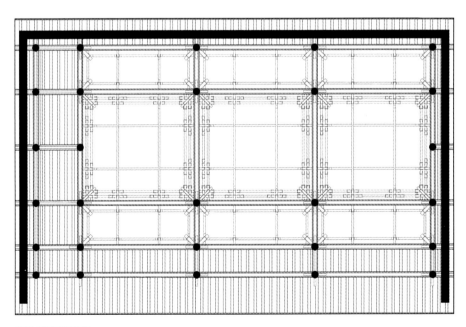

凭眺楼屋顶仰视

上吴方村

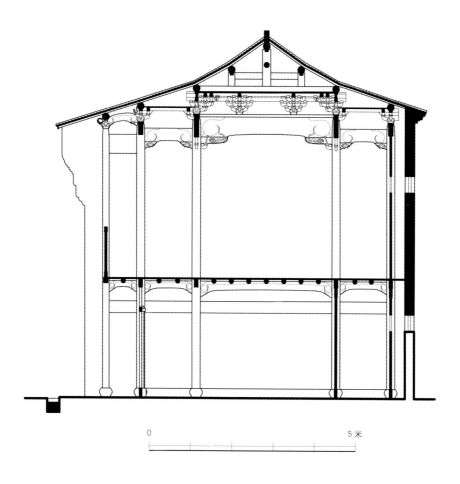

0　　　　　　　　　　　　　5 米

凭眺楼剖面

设年代比前者要晚；第二种可能
是两者系相近时期所建，因分房
析产，地段经人为划分。不论何
种原因，方骥作为思璈公之子，
所建宝月楼时间上肯定晚于仁寿
堂，地段选址上更不可能优于仁
寿堂，即不可能位于水阁尖地段
之内，据此判断楼上厅为凭眺
楼，而非宝月楼。

第二，根据楼上厅建筑结构
以及装饰风格判断。在当时远离
城市的乡村聚落中出现如此形制
规范的官式做法的楼上厅，充分
说明屋主人的经济实力以及广泛
的阅历。而同时代的《玉华方氏
宗谱》中只有思璈公一人有出仕
为官，归家后修楼理园的记载，
而方骥只记载其建宝月楼一事。

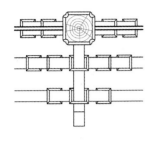
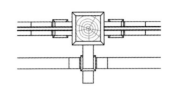
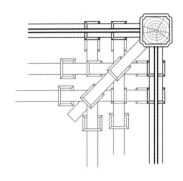

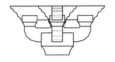

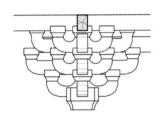

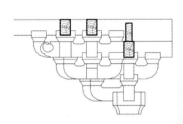

补间斗栱大样 2

转角斗栱大样 1

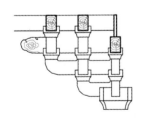
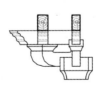
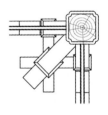

补间斗栱大样 1

隐眺楼斗栱大样

转角斗栱大样 2

凭眺楼斗栱大样

思瑛公有二子，次子名二骐，号香山。《玉华方氏宗谱》于明代万历元年（1573年）由思瑛公之孙、香山公之子方定续修，当时香山公尚在人世，因此对于家族中的出仕情况以及大型营建活动记录的均翔实可靠。凭眺楼规范的官式斗栱做法正与思瑛公曾经在外为官多年的背景相吻合，因此笔者认为上吴方村的所保留下的楼上厅为思瑛公所建的凭眺楼，而非思瑛公之侄方骥所建的宝月楼。

另据《玉华方氏宗谱·卷八》中记载到上族季房方宿（1532—1595年）："公性纯雅不喜奢华，其始也，家无余粟，与叶氏节俭经营至中年，克然十倍，造太婆楼以悦亲心。"此中提到的太婆楼具体位置无考。

通过建楼人的生卒年代可知，无论是上吴方村的凭眺楼、宝月楼、太婆楼，还是李村东园公及其子孙名下的望华楼、景璇楼、怡顺楼等，它们营建的时间均集中在明代嘉靖与万历年间；

从楼的名称看，雅俗皆有，更加说明了这种建筑物在当时的普遍流行。作为附属于居住建筑群的独立建筑类型，楼上厅至少有待客、读书、养老之用。通过两个村子的相互印证我们至少可以得出以下结论：以楼为名的这种类型建筑在李村上吴方村一带的流行年代正是明代中后期。此后，无论宗谱记载还是历史遗存，重要的居住建筑均以堂为名。李村东园公时期的楼上厅没能保留下来，上吴方村的凭眺楼便成为了珍贵的孤本。

3. 诗意的栖居

从村落整体方位上来讲，仙坛岗位于上吴方村的西面，更西北面则是作为祖山的玉华山，楼阁与水口庭院之间的地段，倘若用于建房，无论近景还是远景，该地段的房舍命名为"西山草堂"也在情理之中。从水口庭院到阁楼有近五十米的距离，由此我们也可以推断出这一组建筑群体的占地规模。此外，紧靠着凭眺楼的是房派的分厅与派下的私塾，由此可推知在贮芳园主人的时代，在有楼、有堂、有园的日常居住空间外围又有专门的祠堂（香火堂）与私塾（书房）。作为一处有相当规模的居住建筑群，不同种类的建筑单体满足了可住、可游、可读、可祭的多重生活需求。这一组建筑群所在地段整体方整，只在北侧被仙坛岗占去一角，形成三角地带的水口景观，而溪水自其中穿流而过，该地段被玉华方氏后人称为"水阁尖"，包含了地形与建筑实体的双重含义，依稀传递出了当年的胜景，真正是水流佳处好为家。所谓"诗意的栖居"，本是中国古人很早之前就实现了的理想。

二、从"楼"到"堂"

1. 树德堂建筑群

　　时光荏苒，西山草堂等建筑已经不复存在，清代中期宗族再次繁荣发展，在水阁尖一带，季房后人又营建出了新的建筑群。据《玉华方氏宗谱》记载："安人倪氏……佐石翁以肯堂曰树德、曰萃玉、曰世美，轮哉奂哉，娱嬃亲也。"[1]现状中的树德堂位于村落北面，其前有一处楼上厅民居（方建民民居），此楼上厅正位于树德、世美两堂之间，可能就是宗谱中所记载的萃玉堂。现如今三堂均基本完好地保存了下来，作为同一时期所建设的建筑群体，我们可以看出当时不同单体在结构与布局上的变化特点。

　　树德堂前厅后堂楼的布局与李村萃芳堂的布局十分相似，甚至是梁架的装修题材都如出一辙，梁与檩之间施以雕刻着荷叶的垫木。笔者推测两村这两组建筑群体为相近的历史时期所建，据传李村萃芳堂建筑群由十八道楼梯相互连接在一起，也印证了树德堂各个建筑单体的整体性布

---

① 黄机《安人倪氏七旬寿文》，载《玉华方氏宗谱》卷二十二，2007年续修。

萃玉堂梁架

局。树德堂与萃玉堂前后相连，世美堂亦位于两者轴线之上，距离其南面不远，三堂紧密相连又自成一体。通过对比上吴方村这组群体建筑中的三个单体，我们也可以看出因为功能与地段的不同，建筑形制与布局的不同处理方式。

树德堂是典型的前厅后堂楼，面阔三间，一进的一层空间高敞，一层梁架采用月梁，装修华丽，成为建筑的主体空间，在其右侧有尺度较小的三合头围合

作为附属用房。

萃玉堂紧贴树德堂位于其前面，为单一的板式平面，是五开间的楼上厅布局，主体空间位于二层。一层当心间檐下楼板部分被抬高，成为二层室内约为一米高的台，据说可以用作居家的小型戏台，同时升高的一层空间则用来悬挂匾额，书写堂名。二层当心间无中柱，各个柱子有明显卷杀，柱头结尾处用莲瓣形坐斗，抬梁式梁架用料考究，雕刻华丽，线条流畅优美，金柱间用

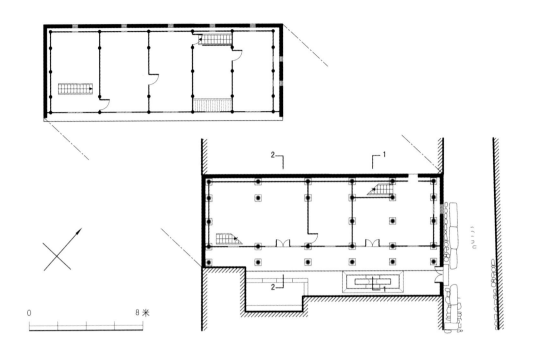

萃玉堂第一层及二层平面

0   8米

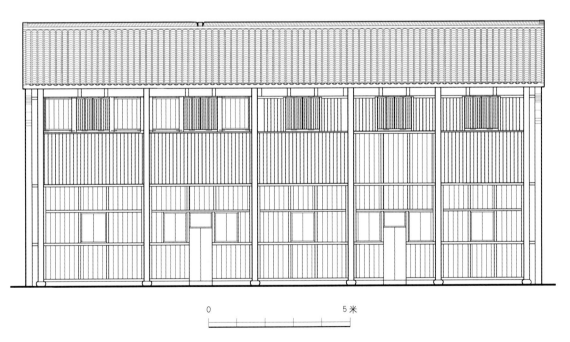

萃玉堂立面

0   5米

上吴方村

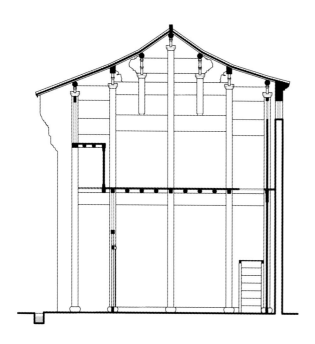

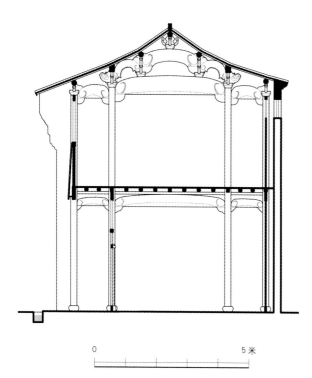

萃玉堂剖面 1—1 及 2—2

冬瓜梁，梁头两侧装饰草龙纹样，檐柱之间用猫梁，梁架有明显侧脚。次间与尽间则用穿斗式结构，整体较为简洁洗练。主房对面有三开间的小型香火房，并有窄小过街阁楼[①]与主房相连。在主房右侧建有与正房并列相接的三开间房屋，两者之间以墙相隔，用砖砌拱形门相通，门楣之上隐约可见"琴剑书屋"的字样，是屋主人藏书著述或者为家中子侄延师授课之所。

世美堂位于树德堂的南侧，堂前有开阔的空地，一层空间开敞，梁架为月梁，装修华丽，前廊层高与室内层高相差半米。世美堂当心间层高的处理与萃玉堂相似，在功能上却不尽相同。世美堂二层前廊有出挑，且做开敞式布置以利于观景，似乎是对早期楼阁建筑风格的延续。而萃玉堂二层当心间靠近前檐的位置设置为室内戏台，则更多表现出居住建筑内向化的趋势。世美堂的

---
① 推测此小阁楼为后期加建。

两次间为三层，在尽间侧面有弄堂，其内设置"一"字形的楼梯，直通二层与三层，这点又与李村花厅遗址附近的楼上厅相似。世美堂与楼上厅建筑在布局上最大的不同，是不再是独立的"一"字形的建筑，在保留独立正立面视野开阔的基础上，在其背后已经增加了后堂楼，并通过两侧加建厢房与之相接。

楼作为眺望之所，是积极寻求与周边环境的对应关系的，是外向开放的，同时也是深受外界环境影响与限制的。而堂的布局从三合院到四合院，可以一直无限地同构延伸开来，自成一体，从某种层面上讲较少受周边环境的影响，是内向而不与周边环境发生关系的。从单一板式的望华楼、景璇楼，到过渡时期的世美堂、萃玉堂，再到处处楼梯相连的萃芳堂建筑群体，从诗意的栖居到秩序森严的同构空间，我们能感受到村落营建从对亲近自然、放旷心灵的关注到专注经营家族事务、务实内省的居住理念

世美堂正立面

世美堂木雕

的嬗变。从楼到堂的转变，一方面是功能性的需要——堂的布局使得空间的利用更加高效，满足了日益增加的宗族人口的居住需求；另一方面空间从高到低（居住主体空间从二层转移到一层），由外而内的侧重点的转移，却很难说清这是进步还是牺牲。民居形式从楼到堂的演变，加强了人与人之间的关系，使得居住其间的人远离自然可能的艰辛与不安全隐患，同时也减少了人与自然沟通交流的机会。

2. 仪凤堂

位于仲房房厅三锡堂南侧的仪凤堂约建于清代中后期，规制成熟，是典型的前厅后堂楼的代表。现状中的仪凤堂，整体布局为坐西朝东的三进院落，各院落地平依次升高，使得整体建筑群呈现从东到西渐次升高的趋势。院落主入口位于第二院落的北侧，俗称为大门第，据传为砖雕

仪凤堂第一进院落中的天井

门头牌楼门的形式，现已无存。主体建筑为五间七檩，现状中仅存南侧的次间与尽间。前檐柱有坐斗，有腰檐，梁架为月梁，装修华丽。第三进院落与前者相比，除高度比第二进院落稍有升高外，装饰较为洗练。大木构为草架无斗栱，主楼二层有小尺度的出挑。挡雨板保存较为完整，无腰檐，牛腿则为简单花纹装饰的斜撑木。

仪凤堂二进与三进由两侧厢房连接，彼此相通。二进的一层空间开敞，可做家庭公共活动空间以及会客场所。第三进院落为家庭内部成员的居住空间，倘若有客到访，家内女眷可由二进院落便捷地上二楼通过厢房直接退回到第三进院落。这样静动分区，内外有别，满足了功能和礼制的需要。

仪凤堂在前厅后堂楼的形制之外，又增加了一进院落，同样很有特色，此进院落为仪凤堂的第一进。第一进与第二进之间以墙相隔，正中开门相通，另有侧门开向公共街巷，空间相对独立。此院落中的天井比一般院落天井尺度更大，平面为方形，周围有石质栏杆。据村民回忆，

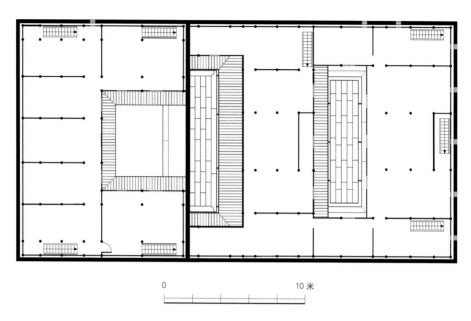

0   10 米

仪凤堂二层平面

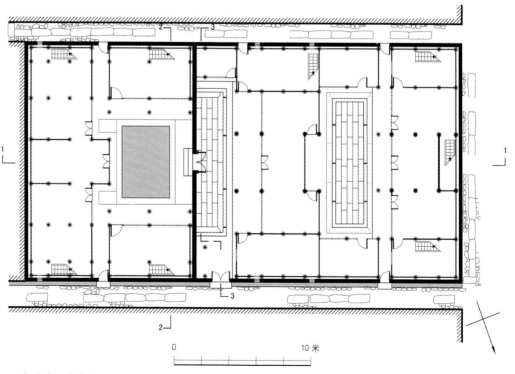

0   10 米

仪凤堂一层平面

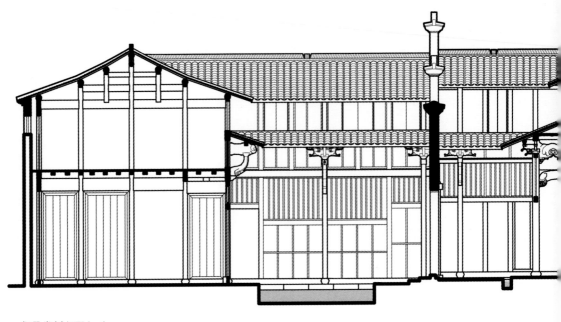

仪凤堂剖立面 1—1

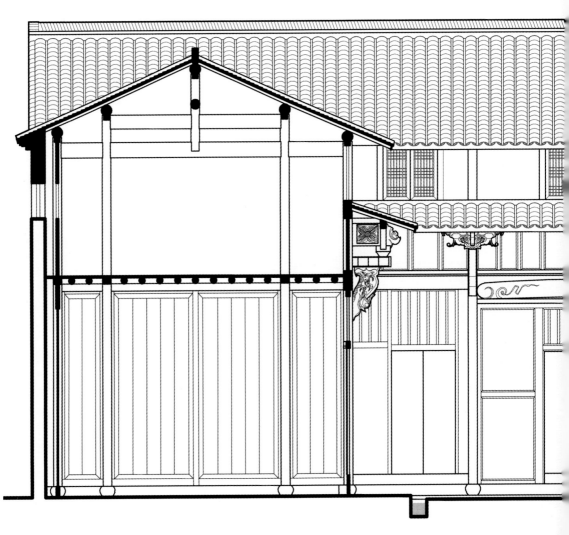

仪凤堂剖立面 2—2

0   5米

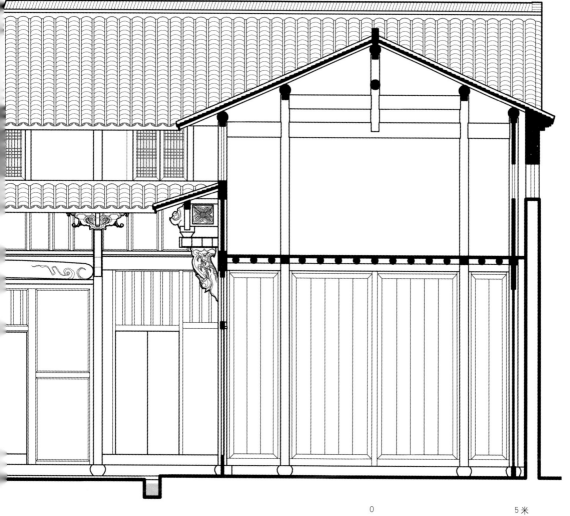

0   5米

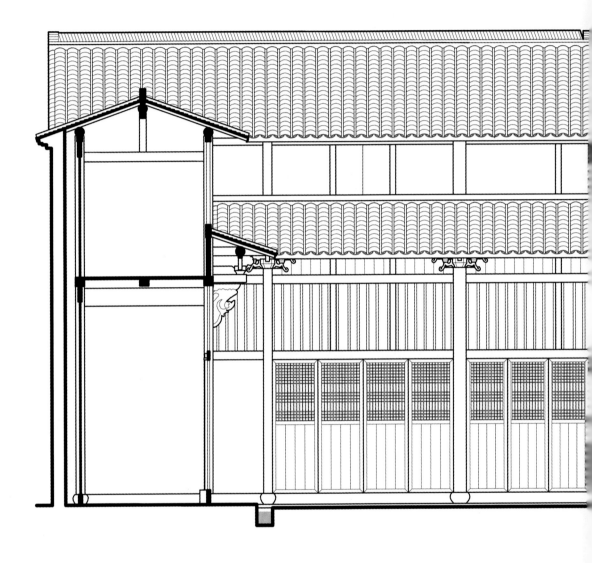

仪凤堂剖立面 3-3

上吴方村

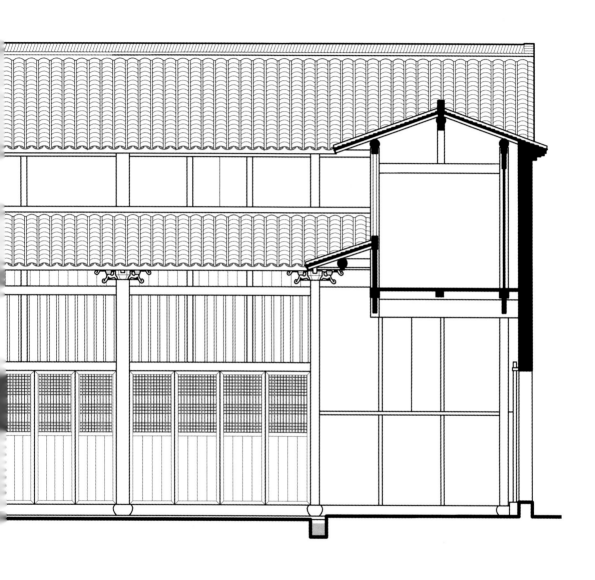

0   5米

此天井处原为鱼池，主体建筑当心间向天井处凸出，檐下有装饰华丽的骑门梁，其余主体及厢房建筑一层均有半室外的檐下空间。在木构装修方面，门窗为洗练的直棂窗，牛腿则雕刻细致，牛腿正面有"康""宁"等刻字，此处院落休闲赏玩的氛围浓重，且传统天井处为供人赏玩的鱼池的布局也为该村落建筑中的特例。天井作为南方传统建筑的重要构成元素，具有悠久的历史，有科学合理的实用价值与根深蒂固的象征意义。将天井改为鱼池，是营造者对传统建筑形制的灵活运用，再次体现了村落的文人意趣。

3. 长弄堂建筑群

位于前塘与后塘之间的长弄堂片区最早营建于清代中期，后经过数代的扩建、加建，整个建筑群坐西北朝东南，整体方向与总厅方正堂的朝向一致。民居建筑单元有三合院、四合院的形式，在这组富丽宏大的建筑群

中，单体结构规范严谨，多是三合院与四合院的串联与并联。其中，布局有七厅三轩，即尚德堂、彝叙堂、尚志堂、中立堂、承志堂、仁寿堂、乐志堂，以及三畏轩、覆信轩、乐群轩。其后又沿着轴线陆续加建了多座三合头或四合头的单体。到民国时期，已经形成了占地约两千平方米规模的建筑群。在这片建筑群中，居住建筑位于中心地带，边缘地带则建有两个祠堂、一处私塾和一处医馆，靠近前塘的位置则设有菜园、杂房、碾坊等附属设施。建筑群内部横向之间通过天井厢房下入口空间户户相通，纵向则通过两条主要的巷道相连，其中一条弄堂长47.5米，宽1米左右，弄堂上空，骑门楼林立，白天劳作的仆役夜晚便宿于阁楼之上，兼做守夜。村人口传整个长弄堂片区外围共开九门，入夜则关闭巷门，十分安全牢固。如果说李村花厅遗址的几座建筑楼阁是明代民居建筑的集大成者，长弄堂建筑组群则是清代民居的活标本。

振华营民居立面

长弄堂民居入口

长弄堂民居二层

据方庆元所写《上吴方小史》记载，尚德堂、尚友堂、尚志堂均为清乾隆年间季房钦百四二公所建，后分别分入长房、二房、三房。其中尚德堂与尚志堂毗相连位于长弄堂，保存较好，使得我们对该时期的民居形制有一个清晰的了解。不同于前厅后堂楼的严谨规制，此阶段的住宅更加趋向于自由与实用。尚志堂与尚德堂营建因地制宜，每组住宅在主体四合头建筑外均有配套的小型的三合头院落作为附属用房。从尚志堂的平面布局来看，尚志堂建筑坐西北朝向东南后塘的方向，占地约为一百八十八平方米，由正房两进及侧面附属三合院落组成。第一进轴线方向与第二进轴线方向垂直，进深一间，有简易天花装饰，相当于整个院落的"门房"，二进为主体建筑，二层，

尚志堂入口

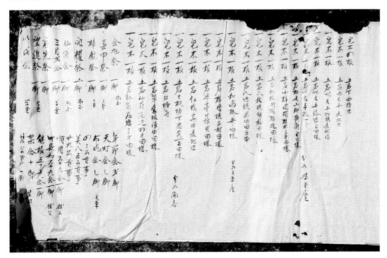
尚志堂内保留的祭祀文书

面阔三间。侧面的三合院落，作为附属院落使用，有狭长的吸壁天井，天井一侧有小门与门房相通。这三合院落靠近北面的地方加建了一个一层的杂房，场地较

为宽敞，作为厨房来用，也可作为小型作坊使用。

尚德堂位于长弄堂的北侧，有单独的出入口。整个尚德堂由两个三合院组成，并与尚志堂有门

上吴方村

尚志堂内景

相通。尚德堂主体的三合院装修精美,牛腿雕刻为戏曲人物场景,两侧厢房面对天井的一面门窗雕刻细致,腰板为文房四宝的图案。尚志堂与尚德堂紧密相连,建设年代几乎同时,有着明确的功能划分。尚志堂位于尚德堂的南侧,一层空间开敞,天井石刻装修精美,牛腿上雕刻着龙凤纹样,大气严整。与尚志堂相通相连的三合院同样精美,装修题材为鲤鱼跳龙门,整个尺度较小,既可作书房,也可作次一级的客厅,适合家庭内部的小型聚会。尚德堂一层小木作装修华丽精美,私密空间较多,是日常居住院落。

再往西侧是彝叙堂。彝叙堂与覆信轩前后相连,营建年代比尚志堂等更晚一些,木料较细,梁架基本为草架,但面向天井的主立面与次立面都较为封闭,小木作简洁实用;最大的特点是一层层高很高,西侧为实墙围护,并开对外的窗洞,门则直通街巷,这大概跟彝叙堂的具体使用功能有关。彝叙堂最初是作为医馆来使用的,属对

世德堂入口

世德堂内景

外营业的场所，而彝叙堂的前厅即覆信轩，有小门直通后塘，又是理想的日常居住之所。彝叙堂的南侧则为仁寿堂，是始建年代较早的分厅，因年久失修，于早年间坍圮，现状已为空地。长弄堂北侧靠近后塘边的是乐志堂，修建于清后期，是季房派下的分厅，坐西北朝东南，前后两进，均为一层，中间为天井。天井两侧开门，整体空间开敞，仅在第二进檐柱当心间设太师壁，装修较简单。

尚友堂位于后塘北面，现状中早已不复存在。据村人口传，尚友堂是四进的庞大建筑。在其遗址附近保留下一栋五开间"一"字形平面单体建筑，当地人口传为季房卖火腿的铺子，从立面的处理也可看出这栋房子具有作为铺面房的特点。建筑版型平面二层，对外开敞，一层现状为砖墙，当心间为石库门，一层当心间梁架为月梁，雀替精美，太师壁后有楼梯通二层。二层整个立面为木质隔板，对外开窗，四个牛腿双面雕刻，富于装饰性，面向当心间的一侧作为正面依次雕刻文房四宝图案，背面则为卷草纹样。如今二层楼板之下有许多铁质挂钩，

彝叙堂内景

中立堂马头墙

中立堂立面现状

民居牛腿木雕一

民居牛腿木雕二

据说正是当年挂火腿的地方。浙江金华的火腿闻名全国，而上吴方村的火腿房，除了供应本村及周边村落之外，更是分销到金华地区。有供出卖火腿的铺面，就有相应的制作火腿的作坊和畜养牲畜的围栏。在铺面背后有一口水井，解决该片区的生活用水问题；在这座铺面房不远处，靠近溪水的巷道边，有一排猪圈，保留至今。

长弄堂片区不同时期的住宅通过过街楼连成一片，由纵深轴线的多重天井布置向两侧扩建，但整体仍趋于内向型空间且防御性强。在后期，该片区又陆续出现中立堂等多座四合头或者三合头民居建筑，这些民居建筑在保持自己独立性的同时又通过组团内部巷道或者直接开门的形式与相邻建筑相通，处置灵活，在有私密性的同时，又能保证整

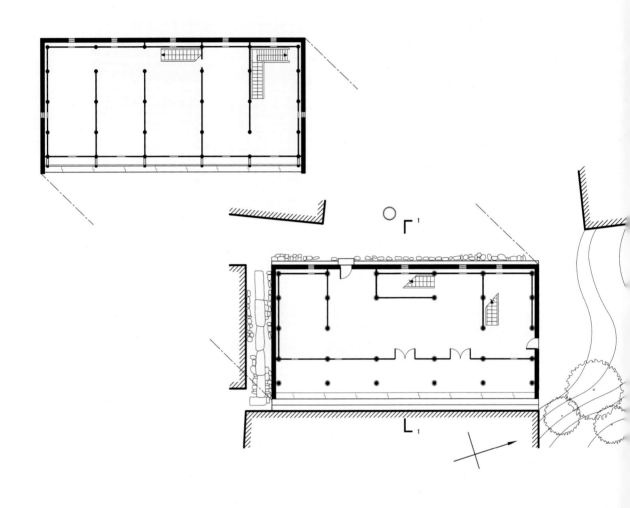

方正松民居一层及二层平面

0   5   10米

上吴方村

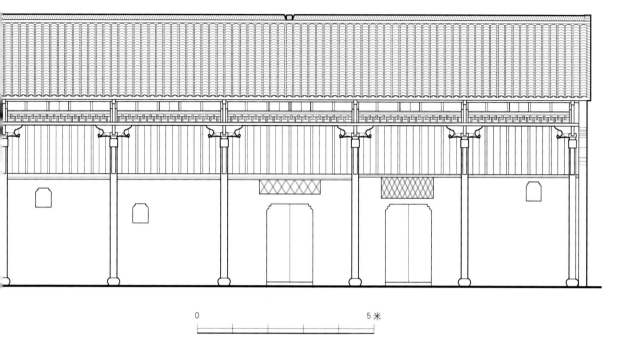

0   5 米

方正松民居正立面

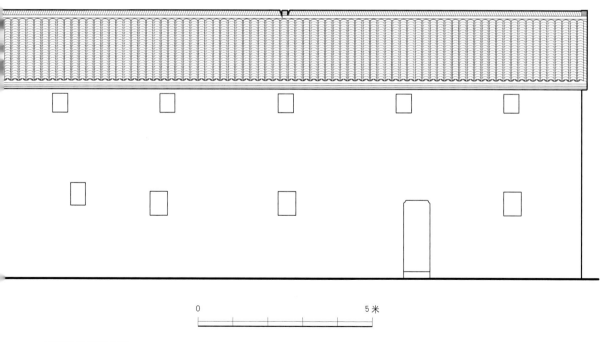

0   5 米

方正松民居背立面

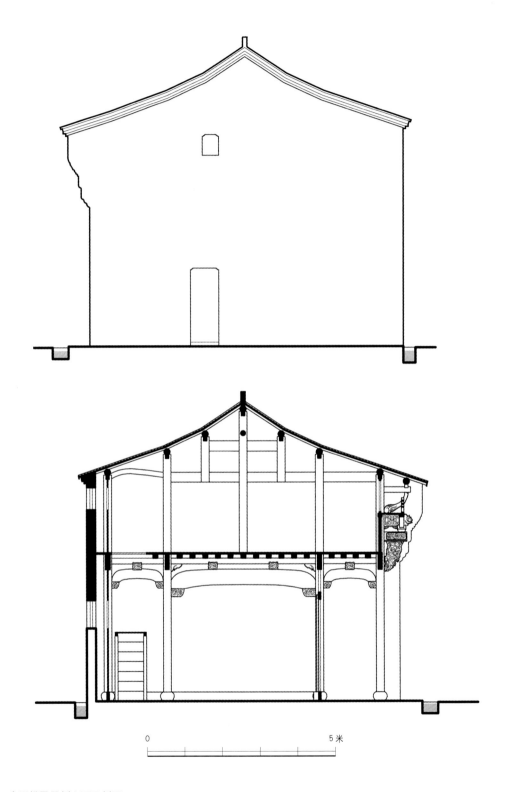

方正松民居侧立面及剖面

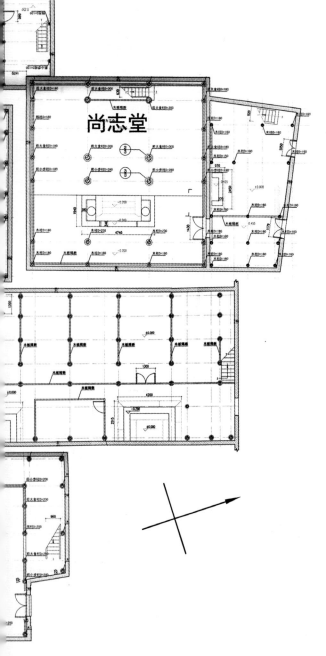

尚志堂

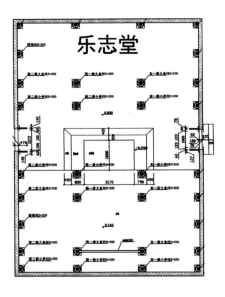

乐志堂

0 ────────── 10 米

三畏轩

尚德堂

彝叙堂

中立堂

乐群轩

长弄堂总平面　图纸来源：中国美术学院

个居住组团的整体性与联系性。长弄堂的建筑组团处处体现整体规划与营造的痕迹。在南侧外围较为晚近建设的两处三合头院落，规模与尺度惊人地一致，宛如是现代化的"批量生产"。据村民所传，在战争年代，外围的入侵者到此宛如走入迷宫，束手无策，村民则借助处处相通的房舍做掩护，迅速撤离到安全地带。

上吴方村内现存的历史较早的房子多为当时富裕人家所建，在这些质量上乘、装修豪华且连成一片的房子周边，也有普通人家的住宅，尤其到了民国，由于土地资源紧张等原因，单体建筑并不严格遵循方正平面，而是根据周边地形做出灵活调整，使得建筑平面更加丰富多样。形制更为简单的民居则为"一"字形平面，内无天井。普通人家的住宅因为质量等原因遗存较少，多为简陋的平房，甚至人畜混居，条件较差。

三、构造与装饰

1. 基本构造

兰溪的古村落因为地处严州、衢州、金华交会之地，徽州建筑文化与东阳建筑文化均在此留下了深深的烙印。

李村与上吴方村乡土建筑受礼法规制约束，正屋多数为三开间，个别建筑为五开间。建筑以穿斗构架为主，厅堂建筑中榀常用抬梁，一般为五架梁加前、后廊步，当建筑进深更大时建前、后轩，轩顶亦用抬梁，设假栋。建筑墙体多为空斗砖墙，只作围护用，不承重。墙的基础和勒脚用砖砌筑实墙，或用大块毛石砌筑，附属建筑及其民国到近代的正房墙体开始普及夯土墙，砌筑过程中拌入石灰及碎石沙土等骨料，比较坚固，降低了成本，成为普通家庭造房的首选。在木结构之间的空隙需要围合的地方，如梁架与枋木之间，则用竹篾或者苇草编织做骨架，其外抹灰。屋面一般不铺设

上吴方村

丞正堂梁架

望板，而是直接在椽子上铺设青瓦，有时会铺设几片玻璃瓦片用来采光。石料则用于柱础、铺地、天井、石库门、抱鼓石、槛板地栿等处。

在小木作方面，因为单体建筑正房一般一层较为通透，小木装修在正房二层及厢房立面和部分正房次间应用较为普遍，门板窗扇雕刻精致，二层厢房及正房往往是前檐向前挑出"坐窗"或者做栏杆，扩大了使用面积，改善了二层的采光条件，且富有

装饰效果。另一种常用的小木装修构件是槛板。保存较好形制较高的古建内部往往有沿外墙内面满设的木护墙板，整合了室内空间，提高了居住质量。

明末到清中叶，建筑单体形制从"楼"演化为"堂"之后，民居建筑中的核心公共活动空间经历了一个从楼上到楼下的变迁过程。到清代的民居建筑中一层与二层层高比的比值加大，加之一层临近天井地面且一般布局较为开敞，光线反比二层更加

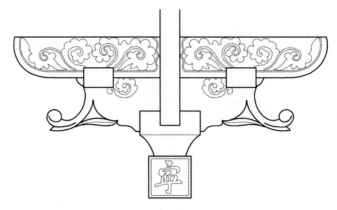

仪凤堂木雕大样 1

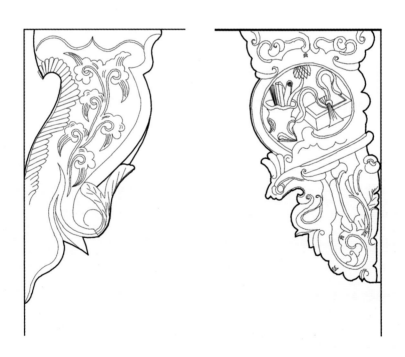

方正松民居木雕大样 1   仪凤堂木雕大样 3

上吴方村民居木雕大样

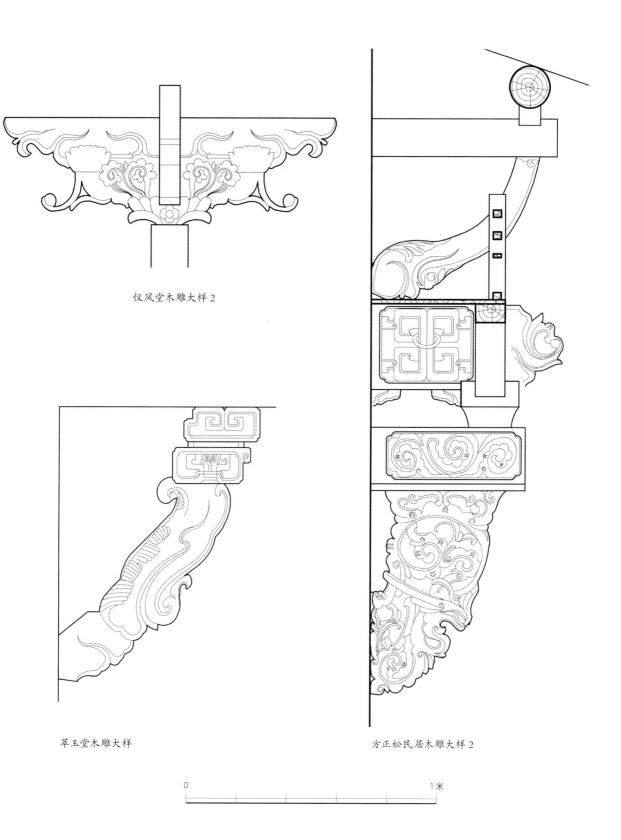

仪凤堂木雕大样 2

萃玉堂木雕大样

方正松民居木雕大样 2

0　　　　　　　　　　　　　　　　　1 米

方锦川民居内景

充足，随着人口的增加，二层逐渐向居住及存储的用途发展，空间的利用率进一步提高了。此阶段形成了前厅后堂楼的居住形式，兼具功能与礼制要求。再往后发展，居住建筑更加趋向于小型化，到后期形成高度模式化的单体形式，单体的基本单元多为二层的三间正房加两侧厢房围合为一个窄小天井的形式，即"三间搭两厢"，或者"五间搭两厢"，极个别有面阔四间，如方锦川民居。方锦川民居一层与二层层高均敞亮宏阔，整体布局为四合头建筑。据屋主回忆，民国时期屋主的祖辈为前清秀才，居住于此时将书房设置在一层当心间旁的次间，布置书桌、书架等。中国传统建筑面阔多为单数，双数面阔的房屋有可能是受当时用地面积所限。

2. 装饰流变

建筑的变迁也体现了时代大背景的变迁，民居建筑从木雕的纹样、题材中亦能反映不同的时代特色与丰富的文化信息。明代的雕刻较为质朴简洁，而不失丰富细致，其内容多为花卉、龙凤、琴棋书画、笔墨纸砚等。雕工流利，几近圆雕，严整大气，反映了村落鼎盛时期诗书传家的文化气息。其后的风格更加繁复，内容多为吉祥故事，比如八仙、瑞兽等，民国时期的雕刻更加僵化，不论从雕工到创意均趋向形式化，内容从文化底蕴深厚的含蓄象征向求取财富、功名的热切表白靠拢，更加世俗化。到民国时期，西风渐进的时代背景也对村落的建筑营建产生深入影响，并在装饰细节得到充分体现。位于上吴方村方正堂前水塘南侧的一组民居建筑是保存较好的民国建筑的代表，建筑立面的处理已经引入了西方装饰符号，如门头及窗上方有砖券作为装饰。中西混搭，门头木框装饰仍用传统的笔锭如意内容的木雕，内部木雕也是福禄寿禧内容。

另外，比较重要的民居建筑多有题名，并有匾额悬挂于正房二层挑窗下部，门头上也有书法，如南屏聚秀、秀气钟灵、文峰挺秀、永承家风、渔耕樵读等，体现了浓厚的耕读文化氛围。这些文采斐然的称谓中，有对道德教化的强调，有对乡间淡泊致远气息的推崇，折射出乡村聚落所特有的秩序与安静娴雅的生活气息。

曾做过药铺的民居

村内景观

上吴方村

·结　语·

　　大慈岩镇的这两个村落，相距不过三公里。玉华李氏自宋代定居于此，上吴方村的方氏则在明初迁居于此，世代比邻而居的两个家族，从村落的布局到生活气息似乎都有着微妙的差异。

　　清代随着人口的繁衍，以及村落的扩大发展，在应对日益艰难的外围生存环境的过程中，李村与上吴方村在村落营造中为我们后人留下的是完全不同的建筑景观。李村传统的农耕村落的布局渐渐发生了变化，紧密围绕宗祠的组团式民居家族生活布局因为谋生方式的多样，开始有了形式上的松动。李村坐落在山岗之上，向着四边开阔的土地伸展。这期间有商业往来的热闹氛围，

有着作为一个中心村落的落落大方与包容开放的品质。此时宗族中发达的支脉占据着界路的黄金地段，建设着讲究的住宅与小型的祠堂，甚至到了后期，界路上的祠堂被出租出去作为商业店铺。李村的界路如此开放包容，甚至一户之间跨街居住。而比邻而居的方氏，把家族限定在山丘环绕之中密林隐蔽之处的小小谷地，很有小国寡民的味道。长弄堂建筑群更是重重院落的内向布局，整个建筑群对外封闭，内部所有的院落则相通相接。当李村在巍峨的玉华山下白山庙前高筑戏台，吸引着十里八乡的村民前来狂欢时，上吴方村最为重要的仪式则是围绕着本村的小小

仙坛岗祈祷着方氏一族的平安与兴旺。

在应对外界的日渐艰难的谋生环境之时，这两个村落采取了截然不同的态度。李村将宗族的结构进行更加开放与疏松的调整，而上吴方村则将家族聚族而居的特质发展到了极致，似乎是对大的社会背景下日渐瓦解的宗族大家庭生活方式在形式上的最后缅怀。

巨大的反差就是如此匪夷所思地呈现在相距不到三公里的两个村落景观上——建筑景观的反差与文化特质的反差。这两个村落似乎是传统的农耕村落在应对近代社会经济发展过程所选择的两条不同的道路——改变，抑或坚守。的确，在文化的传承与发展中，这是永恒的两难之境。

在乡土文化长河中，这两个村子何其微小，宛若茫茫大海中的小小水滴，虽然微小，却因为纯粹而闪烁独特的光芒。

附 录

【 附录 1 】

兰溪寿昌历史沿革

【 附录 2 】

李村名人录

【 附录 3 】

《玉华李氏宗谱·玉华记》

兰溪寿昌历史沿革

年 代	寿 昌	兰 溪
夏至西汉		自夏至周，兰溪都在越地，春秋时属越国，战国时属楚国。秦实行郡县制，兰溪地属会稽郡之乌伤县，西汉因之
东汉		东汉初平三年（192年），分乌伤县西南置长山县，兰溪地属长山县
三国	三国吴黄武四年(225年)，析富春县置新昌县，属吴郡，县治于古城山，在今浙江建德市大同镇	三国吴在此设三河戌，吴宝鼎元年（266年），于长山设置东阳郡，兰溪属东阳郡长山县
晋	晋太康元年（280年），改名寿昌县	
南朝	南朝梁普通二年（521年），寿昌改属新安郡，陈因之	
隋	隋开皇九年（589年），并寿昌入始新县	隋开皇十八年（598年），改长山为金华县，兰溪属金华县，唐大历十三年（778年）升为紧县

（续表）

年　代	寿　昌	兰　溪
唐	唐永昌元年（689年），复置寿昌县，属睦州，旋又废 唐神龙元年（705年）再置，县治郭邑里（即今杭州建德市寿昌镇），仍属睦州	唐咸亨五年（公元674年）建县
北宋	北宋宣和三年（1221年）属寿昌县严州	宋熙宁六年（1073年）升为望县
南宋	南宋咸淳元年（1265年），属建德府	
元	元属建德路	元元贞元年（1295年）升为属州（不辖县的州），仍属婺州
明、清	明、清属严州府 明初改建德路为建安府。明洪武八年（1375年）又改为严州府，府治建德，下领建德、寿昌、桐庐、分水、遂安、淳安六县 清宣统三年（1911年）十月，废旧府制，设立严州军政分府，建德、寿昌属之，建德为府治	明洪武三年（公元1370年）复为县，隶金华府

（续表）

年 代	寿 昌	兰 溪
民国	民国元年（1912年）10月，严州军政分府废。三年（1914年），在衢县设金华道，建德、寿昌属之。十六年（1927年），废道制，建德、寿昌直属浙江省。二十年（1931年），设立第六行政督察区，建德、寿昌属之。二十二年（1933年）10月6日，专员办事处设建德。二十四年（1935年）9月，在兰溪设立第四行政督察区，建德属之；在衢县设立第五行政督察区，寿昌属之。三十二年（1943年）9月1日，增设第十一行政督察区，建德、寿昌属之。专员公署始设淳安，后移建德。三十六年（1947年）5月，撤销第十一行政督察区，建德、寿昌直属浙江省。三十七年（1948年）4月，两县又属设署于淳安的第四行政督察区	民国元年（1912年）兰溪定为一等县。民国三年（1914年）废府设金华道，辖金、衢、严3府19县，道尹驻兰溪。五年（1916年）移驻衢县。民国二十二年（1933年）9月置兰溪实验县。民国二十三年（1934年）8月设兰溪区行政督察专员公署，辖金华府8县及建德、桐庐、分水共11县。民国二十六年（1937年）撤实验县复为普通县，兰溪区改称第四专区，驻地迁金华

年　代	寿　昌	兰　溪
现代	1949 年 5 月 5 日，建德、寿昌相继解放。同月设立第四专署，后改建德专区，建德、寿昌属之。1950 年 3 月 22 日，撤销建德专署，建德、寿昌改属金华专署。1955 年 3 月 31 日，重设建德专署，建德、寿昌同属。1957 年 1 月，为适应新安江水电站建设需要，分建德县地置相当县一级的新安江区，直属建德专署。1958 年 3 月 31 日，新安江区改为新安江镇，隶建德县。11 月 21 日，撤销寿昌县，并入建德县。1959 年 4 月，撤销建德专署，建德县划属金华专署。1960 年 8 月，县城由梅城镇移白沙镇（今新安江街道）。1963 年 5 月 16 日，建德县划属杭州市。1992 年 4 月 1 日，建德撤县置市，市治新安江镇（今新安江街道）	1949 年兰溪解放，建立人民政权 1949 年 11 月划城区置兰溪市（县级，浙江唯一一个），翌年又撤市并入县，并改兰𧮫为兰溪 1985 年 5 月 15 日国务院批准撤兰溪县建兰溪市（县级），兰溪是浙江省第一个县级市

李村名人录

世系	姓名	生卒年月	生平事迹
01 第十三世	李俊， 字元英	宋景佑元年（1034年）生，元丰四年（1081年）卒	宋嘉佑八年（1041年）许将榜进士，官至临江太守，时王事勤劳，不遑亲养，乃愧，钱塘令臧明绘《玉华旧隐图》，翰林学士书其题，熙宁舍人彭汝砺、同年进士楼大年、同邑侍郎胡楚材等附诗文百余，暇则展玩，以寓越庭望云之思，真迹手卷见存，选录《遗文外集》，传载《遗文正集》
02 第十四世	李禹， 字立夫	宋明道元年（1032年）生，治平二年（1065年）卒	宋至和二年（1005年）进士，授青田县尹
03 第十七世	李升， 字则甫	北宋政和八年（1118年）生，南宋邵熙二年（1191年）卒	公治《易经》，于宋高宗绍兴十七年（1147年）丁卯科登进士，对策擢第一拜国子监博士，上召儒臣讲论六经，惟公言论隽永多所解释，上嘉其才欲重用之，为奸臣秦桧所忌，即告病丐归，时年绍兴二十一年（1151年）。上赐策书束帛荣归事亲，至孝周都里，优游林下以终天年

（续表）

世系	姓名	生卒年月	生平事迹
04 第二十一世	李祥， 字延吉， 号潜斋	南宋嘉定十七年（1224年）九月生，元至元三十年（1293年）终	初受业于金华何文定公，讲明理学，通五经，应博学宏词科补太学生，时史嵩之奸蠹，政携黄楷伯上书劾奏不报，谢业而归号潜斋，著诗百余
05 第二十五世	李敦仁， 字政德	元至元二十四年（1287年）三月生，至正十四年（1354年）六月终	初以明经中元延，戊午年霍希贤榜历官，江西等处儒学提举，与金仁山先生交好
06 第二十一世	李天佑， 字国器	宋景定四年（1263年）九月生，元至元十四年（1277年）二月终	初甲乡贡，登元大德辛丑（1301年）进士，授兰溪知州，延佑乙卯（1315年）奔母丧庐墓终制，朝廷旌表其孝，入忠孝祠，春秋享祀
07 第二十六世	李日新， 字思伏	元至大四年（1311年）八月生，明洪武六年（1373年）三月终，生四子：祖用、祖奂、祖庆、祖宁	公初以明经，中元至元壬午（1282年）乡科授西安儒学教谕，庚寅致政
08 第二十七世	李渊， 字景颜	元延佑五年（1318年）五月生，明洪武十九年（1386年）二月终	公聪慧博学，能道术，建太清庵，修真养晦，一时闻人硕士题咏诗文，类为一卷，真迹现存

(续表)

世系	姓名	生卒年月	生平事迹
09 第二十七世	李音, 字世安	元至正十年（1350年）生,明永乐元年（1403年）卒	邑庠生,著有《柏山庐墓集》
10 第二十七世	李祖用, 字仲宝	元至顺三年（1332年）八月生,明洪武二十年（1387年）十一月终	公初举茂才中,明洪武十二年（1379年）戊午乡科授郴州桂东县主簿,十六年（1383年）癸卯改四川永宁茶马司大使,十九年（1386年）丙寅升太仆寺句容牧监正职,专牧围前官踵以苛刻去公乃拙于催科,勤于抚字,甚得吏民心
11 第二十八世	李琐, 字巢玉 （李渊之子）	元至正六年（1346年）生,明洪武十八年（1385年）二月终	公初举茂才中,皇明洪武乙卯乡科历官,至饶州推府,荣赠诗文选录《遗文外集》
12 第二十八世	西轩公福三,讳宗赐,字希贡,李世安之子	明洪武十一年（1378年）生,正统四年（1439年）卒,生四子	浙之严陵寿邑人也,家世簪缨,崇尚礼让,文物彬彬如也,乡邦言累世衣冠之望族者必以李氏为称首 明永乐十五年（1417年）之京钦授刑部福建清吏司主事,十八年庚子（1420年）奉敕采砍四川等处木植,二十年甲辰（1422年）事毕旋辕,洪熙元年乙巳（1425年）任满改主贵州清吏司主事,宣德九年甲寅（1434年）钦承上命董运东竞鱼一堡木植,管辖河南、山东二藩郡人民,朝夕泣政,靡不尽心,十年乙卯（1435年）,玉音停止,复命回朝,激切上书乞恩养母,纪名还家,寻生都水司郎中

(续表)

世系	姓名	生卒年月	生平事迹
13 第二十八世	东轩公福四,讳宗礼,字希举,世孙学颜	明洪武十四年(1381年)十二月生,景泰五年(1454年)七月终,生八子	世承阀阅,笃于孝义,厥考世安公常恙,视膳问寝,汤药亲尝,即卒,独立襄事,及分家产器,以瘠陋者自居,常曰:"难得者兄弟,易得者田宅。"以故,长兄主事公自入仕籍,而终无内顾,凡以其有弟也,人咸称孝友兼至云
14 第二十九世	李跬,字志大,	明永乐十九年(1421年)五月生,正德八年(1513年)二月廿二终,九十三岁	公读书好礼,英敏特立,增值产室,于成化九年(1473年)续修宗谱,迁居新第,视膳勤劳,朝夕无暇,乡邻高其孝行远尔,咸称之,于明弘治十六年(1503年)单恩例,官荣身蒙县赏赐
15 第三十一世	李兰,字廷芳	明成化十八年(1482年)九月生	公幼明敏有度量,于明弘治十七年(1504年)甲子为本邑吏,邑令吴公重其谨慎每嘉赏之,正德五年(1510年)赴京扰光禄寺办事有才干,七年(1512年)壬申转拨南京当守中卫仓,嘉靖七年(1528年)戊子选湖广里阳府大盈仓大使,不遂其志,未及一年,告致仕归,与从弟玉华山樵日相往来,吟风弄月,可谓得林下之乐者
16 第三十三世	李学颜,字若愚	明嘉靖二十五年(1546年)九月生	公初号心斋,后更废潜、治易经,为邑庠生,有文《玉华记》选录入《遗文内集》,小传附入《遗文正集》,修宗谱摹绘簪缨襄赞作

（续表）

世系	姓名	生卒年月	生平事迹
17 第三十四世	东轩七分派李磊，字志广	明宣德元年（1426年）四月生，正德四年（1509年）二月终，生五子：文演、文浦、文渊、文清、文海	公通书知礼，克己成家，资产饶美，严教，第三子文渊未就作橡历，官至邵武府知事，明弘治十六年（1503年）同兄志大一齐，冠带以荣终生
18 第三十五世	李文渊	明景泰乙亥年（1455）二月生	明成化八年（1472年）为兰邑橡，六年（1470年）考满赴京办事，带省祭，弘治甲寅（1494年）授广平府广平县典史，有政十七年甲子（1504年）升金川门草场大使，十八年（1505年）丁母尤，正德六年辛末（1511年）起复升福建邵武府知事，十年乙亥（1515年）致仕

注：表格内容整理自《玉华李氏宗谱》

【 附录3 】
《玉华李氏宗谱·玉华记》

　　予世家玉华李姓族属，辄系玉华氏乡邦，称谓佥号玉华李宅，顾予幼懵尚未知，所以稍长质诸父老，乃知由梨山分派卜居山下故也。因询玉华之胜，父老曰玉在璞山含辉，玉华之胜，良有以也。予盖往观焉，时夜将静，四顾无人，山透清光，灼烁及地，豁目赏心，明月无天，仰见玉柱承露，凌霄左列，石鼎瑞湮飘渺，右拥龙舟，舟人招摇，空谷传声，金石洋洋，断崖辐辏，凤起鸾翔，怪石蹲踞，虎伏龙骧，青葱润泽，翁郁苍苍，其间蜿蜒盘旋，不可缕数，此则玉华之胜杰也。予嘉之，志游焉。迨年及垂髫携昆弟从陈塾师游跬步难，前曳履去后憩息松

荫，徒兴仰止而已，后数年谋游唐诸友蹑其后，迷失行踪，弃身峭壁，援崖而上，自攀藤蔓披荆棘，自度必陨，幸赖神指踝跣迤逦而进，据石鼎掉龙舟直抵玉柱而登其巅得无恙，且喜且惧而归。不意辛巳春复携陆翰院可教凶游，值天阴雨，风霾蔽日，雾霭氤氲，一望无际，顷之岚气初分，如丝如缕，甚者若败絮当风，白练横空，极目回恋彷徨叹息，彼骤观者聊称快意，遂飘然而去，予独楸然不乐，至晚有一阕云："龙舟飞挽渡天河，玉柱凌空鼓楫过，遥瞩蓬瀛尘世耿，满山风景夜如何。"届今秋已三载矣。九日后复思登览，夜梦神人鹤发龙髯，龟背驰肩，羽衣纳

带，飞为云端，予揣知山神，喜揖而进曰："怪哉，山神何往昔之勒我观耶。"具告以自始至再至三，山神叹而言曰："咄咄孺子何为我訾不知，吾于汝三至三有意焉。其始至也，筋骨未成，顿令中止为子养成逸足他日，骥心千里，驱驰王事。其再至也，血气用事，姑置险途，为子淬砺劲节，他日披衷龙鳞探身虎穴。其三至也，虽年力稍加，少知自爱，奈所兴何人，瀛洲仙史，所乐何地，山林隐僻，吾恐子之溺而癖也，故不从尔远观去其外，视冀共日大其胸襟，不娱目前而思照耀乎，古今吾固厚望吾子者也。子何我訾，子何我訾。"予闻唯唯而谢山神曰："殆未可去，未几必将复来。试语子以神游，吾山僻处一隅，小华、道峰，主实对峙大青红裙，左右盘桓，他如三峰柱干插其眼底，紫云岘山罗列足下，是皆吾子所熟游者，吾复何赘，维彼北接严陵，东对金华，三衢襟其西，九峰面其南，梨山在后，枫山在前，更有仁山密迩，其间是皆吾子可尚友而娱乐者，何必区区驰驾此山，朝探碧落，夜收沆瀣，依猿鹤友麋鹿被青云枕白石，茹芝餐霞如黄白者流，而后为快耶！"语未毕，谷风四集，声吼海涛，虎啸猿啼，悲生乐极，山神拂衣而起，予曳其裾欲求所志以记其胜，山神曰："予恶乎至哉，来日当有志者，汝第往候之。"须臾有童子歌曰：

玉华高耸兮

矗立天齐

有客遨游兮

恍蹑云梯

吟风关傲兮

咳唾珠玑

徘徊登眺兮

千仞振衣

顾东山之未起兮

苍生谁依

兆传严之梦卜兮

良弼不遗

起伏龙兮高卧

携凤雏兮来仪

非终南兮捷径

无北山兮文移

予就梦中应曰："噫嘻，夜来神言已告我矣。"遂披衣强步山下，见郭君偕并游者十馀，索所志而果符也，遂记之以神其事。

是日，兰城陆君郭君诸友沧石登临作志，偕唐诸友并嘱毕于予，辞弗克，允敬用命，强为之记。

万历癸未菊月望

寿庠后学

潜子书于玉华山舍

· 后 记 ·

　　2012年，我刚进入乡土所工作不久，第一次跟随陈志华、李秋香两位老师来到建德市大慈岩镇。这里的新叶村早已全国知名，村子保存得非常好，乡土所在此之前进行的保护规划工作也开展得有条不紊。在新叶村工作之余，当地文物部门邀请我们去到新叶村旁边的上吴方村与李村，做相关的研究保护工作。去到村子里，我们发现，在村子的中心地带仍然保留着为数众多的古民居、古祠堂，只是这些古建筑被新建筑层层包围，不知道其间有多少古建筑早已经被拆毁。

　　在走访李村之时，陈老师兴致勃勃地谈论起许多年前他们第一次探访大慈岩镇一带古村落的情形。陈老师立在村民的廊檐下，指着不远处山坡上的汪山村对我说："多么可爱的小村子啊！你看，所有的房子落在半山腰，像不像小布达拉宫？"赞叹之情溢于言表。后来听李老师讲述早在多年前陈老师和李老师就曾经到过汪山村，当时发表的相关文章在大陆之外的台湾地区都引起了很大的反响，但是这次再实地探访，村里除了大宗祠外，其余的古建筑无一幸免地被拆毁殆尽。乡土所从最初关注古村落的研究到现在，已有二十年之久，在这二十年中，曾有无数个村落因为几位老师的研究成果得到大家的关注而得以保存下来，也有更多的村落像汪山村一样，早已面目全非。

李老师聊起他们当年初次到访上吴方村与李村，那时乡土建筑的研究工作还处于开疆拓土的时期，可供选择的古村落数量不少，这两个村子因为与新叶村相距较近，考虑到研究课题的多样化，最终放弃，而今日里，凭借着近年来古村落保护的东风，李村与上吴方村在劫后余生中再次进入大家的视线。与多年前的研究所不同的是，这次，我们乡土所的工作不但要做村落的历史研究，更要参与村落未来的保护规划工作。李老师循循善诱，鼓励我这个初学者，在做规划之余，先尝试写出几篇小文章来，这便是我与这两个小村子的结缘之始。

其后的三年间，在李老师的言传身教下，在完成相应的规划工作之余，我也陆续完成了对村落重要建筑单体的测绘工作，并开始慢慢融入到村子的生活中去。在村子里，不论是村干部、退休教师，还是普通的村民，他们都对我的现场工作提供了无私的帮助，使我得以深入了解两个村子的历史。随着调研的深入，我手上积累的材料渐多，才慢慢有了书稿的样子。

此书稿完成之后的几年，我追随着乡土所的工作脚步，又走过了无数的古村落，它们以更加广阔的背景与独特的形式一次次刷新着我的认知，乡土建筑所包含的文化多样性与复杂性开始慢慢在我眼前展开。再次回望大慈岩镇二村的写作，当然存在着诸多遗憾，但是这种属于认知起点的遗憾未尝不是一种激励。于我而言，这期间的收获又岂是区区几万字的书稿所能表征的？

遥想当初，作为一个地地道道的北方人，我第一次深入到江南的乡间，印象是那般地赏心悦目。白色的墙，黑色的屋脊墙头以及大小不一又高低错落的窗户，隐隐倒影在水塘。远处近处辨不清方向的淙淙溪水声，周围的小巷中不时传出晚饭后乡人的闲谈声。软石细细铺就的小巷，甚至是夜色中剪影依旧婆娑动人的古树，都带给人无比的静谧与安逸。

这样的村子简直是妩媚精致的，充满灵气的，但同时又是贴近生活，与土地息息相连的。如同是这土地生长出的莹白饱满的稻米，灿烂娇媚的油菜花，甚至是巷口阿婆枯黄长满老茧的手，还有那满是皱纹的脸上，永远洋溢着的善意注视或者微笑，都是协调完美的。走在街巷中，年轻的或者年老的村民几乎都能对好奇的到访者讲上一段太公时候的故事。

离开纷纷扰扰的城市，就是在这里，我习惯了用最淳朴的话语，最真诚的微笑，最自然的交流方式与周围的人相处，而这些在我心中曾经多么朴实无华的村民，每每带给我惊喜，甚至是震撼。在上吴方村，我偶遇一位老人家，他身穿褪色的中山装，却浆洗得干净整洁，说着令我费解的方言，数次与我交谈之后，即引我为小友，正是他偶然记下的几页旧宗谱上的一段文字，最终为我揭开上吴方村的水阁尖之谜提供了最有力的证据。而我也在一次次随后的调研中，目睹他从行动自如，到拄拐慢行，直到最后缠绵病榻……在最后的一次探访之时，他拜托家人翻箱倒柜，略抱羞赧地把他年轻时候的日记本拿给我看，泛黄的纸页上，工整的蝇头小楷，竟然是关于二十四史的读书笔记。联想到之前在破旧无人的老房子里看到的被随意丢弃的古书，以及方氏族人历史上的众位文人雅士，我不禁感慨文化传承的纤弱与幽微。而我无意间成为了这段历史的见证者与记录者。这两个村子是幸运的，我更是幸运的。

在这之后，我又不间断地走过无数个古村落，才慢慢地意识到每一个古村落都曾经是万千游子的故乡。这一次次的村落旅行，又何尝不是我假借他乡之名，而一次次进行着属于我自己的心灵返乡之旅呢？回望之时才慢慢想知道自己是谁，是从哪里来。翻看着那么多异姓人的宗谱，感受着异乡土地的载重与收获，感受着不同时空的人们或曲折或平淡的命运……掩卷之际，不乏笑与泪。尝试着梳理并记录他们的历史和生活，梦里梦外与他们神交无数，就是这样一个过程，让我生发出对历史、对生命的珍惜与敬畏之心，而这些统统都是在工作之余，我所收获的意外的美好。

无论如何，这段经历为我打开的不一样的生活还将继续。借此小书出版之际，感念前事，并以此激励我不忘初心，一往无前。

2016年9月　高　婷

作者简介

高婷，2012 年毕业于东南大学建筑学院建筑历史与理论
专业，同年 9 月入职清华同衡规划设计研究院乡土建筑
研究所，从事乡土建筑的研究与保护工作。